普通高等教育新工科电子信息类专业系列教材

电路与电子技术实验

主编　张金泉　梁丽勤　盖君雪
　　　刘　扬　景　远　张宝健

西安电子科技大学出版社

内 容 简 介

　　本书为电路与电子技术相关课程的实验指导教材，包含电路实验、模拟电子技术基础实验、数字电子技术基础实验以及电子技术课程设计等内容。

　　本书提供了实验微课讲解视频，学生可以通过扫描二维码，可链接相关微课视频，这样就实现了教学手段与现代化技术的紧密结合。

　　本书可作为本科自动化类、电子信息类及其他电类专业课程的实验指导书及课程设计指导书，也可作为电学初学者的指导书。

图书在版编目(CIP)数据

电路与电子技术实验/张金泉等主编. —西安：西安电子科技大学出版社，2020.9(2021.4 重印)
ISBN 978 - 7 - 5606 - 5746 - 2

Ⅰ．①电…　　Ⅱ．①张…　　Ⅲ．①电路—实验—教材　　②电子技术—实验—教材　　Ⅳ．①TM13 - 33　　②TN33

中国版本图书馆 CIP 数据核字(2020)第 134697 号

策划编辑　刘小莉
责任编辑　张　玮
出版发行　西安电子科技大学出版社(西安市太白南路 2 号)
电　　话　(029)88242885　88201467　　　邮　编　710071
网　　址　www.xduph.com　　　　　　电子邮箱　xdupfxb001@163.com
经　　销　新华书店
印刷单位　咸阳华盛印务有限责任公司
版　　次　2020 年 9 月第 1 版　　2021 年 4 月第 2 次印刷
开　　本　787 毫米×1092 毫米　1/16　印张 12.5
字　　数　286 千字
印　　数　3001～6000 册
定　　价　32.00 元
ISBN 978 - 7 - 5606 - 5746 - 2/TM

XDUP 6048001 - 2

* * * 如有印装问题可调换 * * *

前　言

本书是电路原理、模拟电子技术基础、数字电子技术基础、电工学等多门课程的实验及实践部分的指导教材。

本书与传统的实验教材不同，除了仪器使用介绍、实验指导等内容外，增加了实验报告模板，还增加了实验微课讲解视频，学生通过扫描二维码，可链接相关微课视频，这样就实现了教学手段与现代化技术的紧密结合。

本书第 1 章为常用电子仪器使用说明，第 2 章为 Multisim14.0 仿真软件的使用，第 3～5 章分别为电路实验、模拟电子技术基础实验和数字电子技术基础实验，第 6 章为电子技术课程设计，第 7 章为电路与电子技术实验报告模板。

张金泉老师对本书的编写思路进行了总体策划，负责统稿工作，并编写了第 1 章。梁丽勤、盖君雪、刘扬、景远和张宝健老师协助完成了统稿工作，共同编写了第 2～7 章。郭献章老师对本书的编写和出版给予了莫大的帮助，在此表示衷心的感谢。

由于编者水平有限，书中难免存在不足之处，恳请读者批评指正。

编　者

2020 年 6 月

目　录

第1章　常用电子仪器使用说明

1.1　UTG7000B 系列信号发生器的使用

1.1.1　面板介绍

UTG7000B 系列信号发生器向用户提供了简洁、直观且操作简单的前面板，如图 1-1 所示。

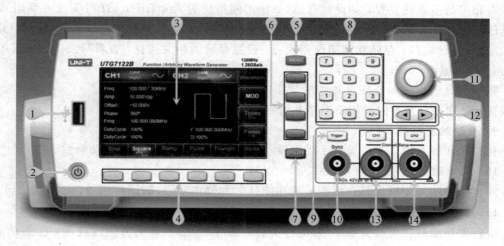

图 1-1　信号发生器的前面板

1. USB 接口

本仪器支持 FAT16、FAT32 格式的 U 盘。USB 接口可以用来读取已存入 U 盘中的任意波形数据文件，存储或读取仪器的当前状态文件。

2. 开/关机键

开/关机键用于启动或关闭仪器。按此键，则背光灯亮(绿色)，随后显示屏显示开机界面，之后进入功能界面。为防止意外碰到开/关机键而关闭仪器，一般设计为短按开/关机键开机，长按开/关机键关闭仪器。关闭仪器后，按键背光和屏幕同时熄灭。注意：开/关机键在仪器正常通电且后面板上的电源开关置"I"的情况下有效。要关闭仪器的 AC 电源，应将后面板上的电源开关置"O"或拔出电源线。

3. 显示屏

4.3 英寸(注：1 英寸＝2.54 厘米)高分辨率 TFT 彩色液晶显示屏通过不同色调来明显区分通道一(CH1)与通道二(CH2)的输出状态、功能菜单和其它重要信息。人性化的系统界面使人机交互变得更简捷，提高了工作效率。

4. 菜单操作软键

通过菜单操作软键可选择或查看标签(位于功能界面的下方)的内容,它们配合数字键盘、多功能旋钮或方向键对参数进行设置。

5. 菜单键(MENU)

按菜单键可弹出四个功能标签:波形、调制、扫频、脉冲串。此时按对应的功能菜单软键可获得相应的功能。

6. 功能菜单软键

通过功能菜单软键可选择或查看标签(位于功能界面的右方)的内容。

7. 辅助功能与系统设置按键(UTILITY)

通过按此按键可弹出如下功能标签:CH1 设置、CH2 设置、通道耦合、频率计、网络设置、系统。高亮显示(标签的正中央为灰色并且字体为纯白色)的标签在屏幕下方有对应的子标签,子标签更详细地描述了屏幕右方的功能标签的内容,可按对应的功能菜单软键来获得相应的信息或设置,如设置通道(如输出阻抗设置为 $1\ \Omega \sim 1\ k\Omega$ 可调或者高阻),指定电压限值,配置同步输出,选择语言,设置开机参数,调节背光亮度,配置 DHCP(动态主机配置协议)端口,存储和调用仪器状态,设置系统的相关信息,查看帮助主题列表等。

8. 数字键盘

数字键盘用于输入所需参数中的数字 $0 \sim 9$、小数点“.”、符号“$+/-$”。小数点“.”用于快速切换单位,左方向键用于退格并清除当前输入的前一位。

9. 手动触发按键

在扫频和触发模式下可设置手动触发。当触发灯闪烁时,可执行手动触发。

10. 同步输出端

同步输出端用于输出具有标准输出功能(DC 和噪声除外)的同步信号,可正常输出。

11. 多功能旋钮/按键

旋转多功能旋钮可改变数字(顺时针旋转时数字增大)或作为方向键使用,按多功能按键可选择功能或确定设置的参数。

12. 方向键

在使用多功能旋钮和方向键设置参数时,可切换数字的位数或清除当前输入的前一位数字,也可(向左或向右)移动光标的位置。

13. CH1 控制/输出端

通过 CH1 控制/输出端可快速切换在屏幕上显示的当前通道(CH1 信息标签高亮表示 CH1 为当前通道,此时参数列表显示通道 1 的相关信息,可对通道 1 的波形参数进行设置)。若 CH1 通道为当前通道(CH1 信息标签高亮),则可通过按 CH1 键快速开启/关闭通道 1 输出,也可以通过按 UTILITY 键弹出标签后再按通道 1 设置软键来设置。开启时 CH1 键背光灯亮,在 CH1 信息标签的右方会显示当前输出的功能模式(“波形”、“调制”字样或“扫频”、“脉冲串”字样),同时 CH1 输出端输出信号;关闭时 CH1 键背光灯灭,在 CH1 信息标签的右方会显示“关”字样,同时关闭 CH1 输出端。

14. CH2 控制/输出端

通过 CH2 控制/输出端可快速切换在屏幕上显示的当前通道(若 CH2 信息标签高亮,则表示 CH2 为当前通道,此时参数列表显示通道 2 的相关信息,可对通道 2 的波形参数进行设置）。若 CH2 通道为当前通道（CH2 信息标签高亮），则可通过按 CH2 键快速开启/关闭通道 2 输出，也可以通过按 UTILITY 键弹出标签后再按通道 2 设置软键来设置。开启时 CH2 键背光灯亮，在 CH2 信息标签的右方会显示当前输出的功能模式（"波形"/"调制"字样，"扫频"/"脉冲串"字样），同时 CH2 输出端输出信号；关闭时 CH2 键背光灯灭，在 CH2 信息标签的右方会显示"关"字样，同时关闭 CH2 输出端。

注意：通道输出端设有过压保护功能，满足下列条件之一时产生过压保护：

（1）仪器幅度设置为大于 100 mVpp，输入电压大于|±12.0 V|，频率小于 10 kHz。

（2）仪器幅度设置为小于等于 100 mVpp，输入电压大于|±2.0 V|，频率小于 10 kHz。

产生过压保护时，仪器屏幕显示提示消息"过载保护，输出关闭！"。

1.1.2　功能界面

UTG7000B 系列信号发生器的功能界面如图 1-2 所示。

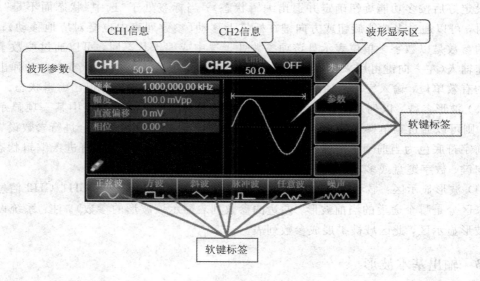

图 1-2　功能界面

图 1-2 中：

（1）CH1/CH2 信息：当前选中的通道标识会高亮显示。

① "Limit"：输出幅度限制，白色为有效，灰色为无效。

② "50 Ω"：输出端要匹配的阻抗值（1 Ω～10 kΩ 可调，或为高阻，出厂默认为 50 Ω）。

③ "～~~~"：当前为正弦波（不同工作模式下可能为"基波波形""调制""扫频""脉冲串""关"等字样）。

（2）软键标签：用于标识功能菜单软键和菜单操作软键当前的功能。高亮显示时，标签的正中央显示当前通道的颜色或系统设置时的灰色，并且字体为纯白色。

① 屏幕右方的标签：如果标签高亮显示，则说明被选中，位于屏幕下方的 6 个子软键标签显示的就是它指示的内容。注意：如果当前被选中的标签的子目录级数比较多，则下方显示的不一定是它的下一级子目录的内容。例如，图 1-2 中的类型标签高亮显示，屏幕

下方恰好显示的是波形的种类，属于类型标签的下一级目录；但如果此时按 MENU 键，则右方的标签将会是波形标签高亮，而屏幕下方的标签内容不变，并不是所显示的波形标签的下一级子目录（波形标签的下一级子目录应该是类型和参数）。如果要显示的子标签数大于 6 个（当子标签数大于 6 个时会在标签的右下角显示小三角形符号），则需要分多屏显示，要查看下一屏，按标签右边对应的功能菜单软键即可。

　　② 屏幕下方的子标签：当子标签所显示的内容属于屏幕右方的类型标签的下一级目录时，以高亮显示表示选中的功能。当子标签显示的内容属于屏幕右方的参数标签（或属于按 UTILITY 键弹出的标签，即 CH1 设置、CH2 设置、通道耦合、频率计、网络设置、系统中的一种）的下一级目录时，会发现此时它与波形参数列表区的内容一一对应，以标签的边缘显示当前通道颜色（系统设置时为灰色）且字体为纯白色来表示"选中"（参数列表中以字体为纯白色来表示选中）。此时按菜单操作软键或多功能旋钮，对应的软键子标签将高亮显示来表示进入"参数编辑状态"，将对列表中的参数进行设置（可旋转多功能旋钮来改变参数，参数设定好后按多功能旋钮确定并退出编辑状态）；当标签处于"选中"状态而不是"编辑"状态时，可以通过多功能旋钮或方向键在标签上移动（参数列表中也会对应地移动）；当要修改的参数是以数字＋单位表示且该项参数处于选中或编辑状态时，可以通过按数字键盘来快速输入（左方向键可用来删除当前输入的前一位），屏幕下方的子标签会自动弹出可供选择的有效单位，输入完毕后通过按操作软键或按多功能旋钮确定并退出编辑状态。

　　（3）波形参数：以列表的方式显示当前波形的各种参数。如果列表中某一项显示为纯白色，则可以通过菜单操作软键、数字键盘、方向键、多功能旋钮的配合进行参数设置。如果当前字符底色为当前通道的颜色（系统设置时为白色），就说明此字符进入编辑状态，可用方向键、数字键盘或多功能旋钮来设置参数。

　　（4）波形显示区：显示该通道当前设置的波形形状（可通过颜色或 CH1/CH2 信息栏的高亮来区分是哪个通道的当前波形，左边的参数列表显示该波形的参数）。注：系统设置时没有波形显示区，此区域被扩展成参数列表。

1.1.3　输出基本波形

　　UTG7000B 系列信号发生器可从单通道或同时从双通道输出基本波形，包括正弦波、方波、斜波、脉冲波、任意波、噪声。开机时，仪器默认输出一个频率为 1 kHz、幅度为 100 mVpp 的正弦波。本节将介绍如何配置仪器输出的各类基本波形。

1. 设置输出频率

　　在接通电源时，波形默认配置为一个频率为 1 kHz、幅度为 100 mVpp 的正弦波（以 50 Ω 端接）。将频率改为 2.5 MHz 的具体步骤如下：

　　（1）依次按"MENU"→"波形"→"参数"→"频率"（如果按参数软键后没有在屏幕下方弹出频率标签，则需要再次按参数软键进行下一屏子标签的显示）。在更改频率时，若当前频率值是有效的，则使用同一频率。要改为设置波形周期，需再次按频率软键切换到周期。频率和周期可以相互切换。

　　（2）使用数字键盘输入所需数字 2.5（见图 1－3）。

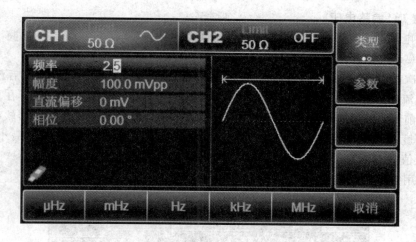

图 1-3　用数字键盘输入数字 2.5 显示图

（3）选择所需单位，即按所需单位对应的软键。在选择单位后，波形发生器以显示的频率输出波形（如果输出已启用）。在本例中，选择"MHz"。

注意：多功能旋钮和方向键相配合也可进行此参数的设置。

2．设置输出幅度

在接通电源时，默认配置为一个幅度为 100 mVpp 的正弦波（以 50 Ω 端接）。将幅度改为 300 mVpp 的具体步骤如下：

（1）依次按"MENU"→"波形"→"参数"→"幅度"（如果按参数软键后没有在屏幕下方弹出幅度标签，则需要再次按参数软键进行下一屏子标签的显示）。在更改幅度时，若当前幅度值是有效的，则使用同一幅度值。再次按幅度软键可进行单位的快速切换（在 Vpp、Vrms、dBm 之间切换）。

（2）使用数字键盘输入所需数字 300（见图 1-4）。

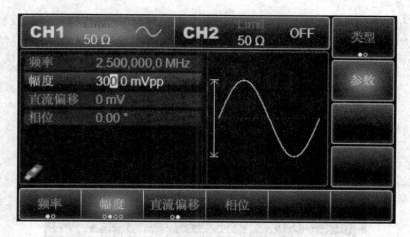

图 1-4　用数字键盘输入数字 300 显示图

（3）选择所需单位，即按所需单位对应的软键。在选择单位后，波形发生器以显示的幅度输出波形（如果输出已启用）。在本例中，选择"mVpp"。

注意：多功能旋钮和方向键相配合也可进行此参数的设置。

3. 设置 DC 偏移电压

在接通电源时，波形默认 DC 偏移电压为 0 V 的正弦波（以 50 Ω 端接）。将 DC 偏移电压改为−150 mV 的具体步骤如下：

（1）依次按"MENU"→"波形"→"参数"→"直流偏移"（如果按参数软键后没有在屏幕下方弹出直流偏移标签，则需要再次按参数软键进行下一屏子标签的显示）。在更改 DC 偏移时，若当前 DC 偏移值是有效的，则使用同一 DC 偏移值。再次按直流偏移软键时，会发现原来用幅度和直流偏移描述波形的参数已变成高电平（最大值）和低电平（最小值），这种设置信号限值的方法对于数字应用是很方便的。

（2）使用数字键盘输入所需数字−150（见图 1−5）。

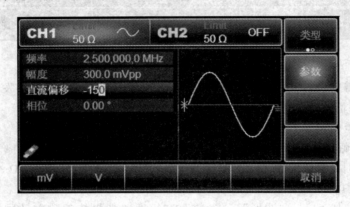

图 1−5　用数字键盘输入数字−150 显示图

（3）选择所需单位，即按所需单位对应的软键。在选择单位后，波形发生器以显示的直流偏移输出波形（如果输出已启用）。在本例中，选择"mV"。

注意：多功能旋钮和方向键相配合也可进行此参数的设置。

4. 设置方波

方波的占空比表示每个循环中方波处于高电平的时间量（假设波形不是反向的）。在接通电源时，方波默认的占空比是 50%，占空比受最低脉冲宽度 6.5 ns 的限制。设置方波的频率为 1 kHz，幅度为 1.5 Vpp，直流偏移为 0 mV，占空比为 70%，具体步骤如下（见图 1−6）：

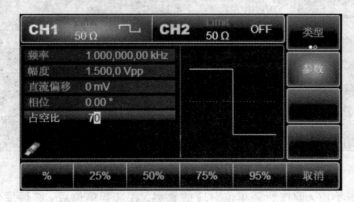

图 1−6　设置方波图

依次按"MENU"→"波形"→"类型"→"方波"→"参数"（如果类型标签处于非高亮显示，

就需要按类型软键进行选中），设置某项参数时先按对应的软键，再输入所需数值，然后选择单位即可。

注意：多功能旋钮和方向键相配合也可进行此参数的设置。

5. 设置脉冲波

脉冲波的占空比表示每个循环中从脉冲上升沿的 50% 阈值到下一个下降沿的 50% 阈值之间的时间量（假设波形不是反向的）。可以对 UTG7000B 系列信号发生器进行参数配置，以输出具有可变脉冲宽度和边沿时间的脉冲波形。在接通电源时，脉冲波的默认占空比为 50%，上升／下降沿时间为 1 μs，现设置周期为 2 ms、幅度为 1.5 Vpp、直流偏移为 0 V、占空比（受最低脉冲宽度 17 ns 的限制）为 25%、上升沿时间为 200 μs、下降沿时间为 200 μs 的方波，具体步骤如下：

依次按"MENU"→"波形"→"类型"→"脉冲波"→"参数"（如果类型标签处于非高亮显示，就需要按类型软键进行选中），再按频率软键实现频率与周期的转换，输入所需数值，然后选择单位即可。在输入占空比数值时，屏幕下方会有 25% 的标签，按对应的软键即可快速输入；也可以输入数字 25 后按 % 来完成输入。要对下降沿时间进行设置，需再次按参数软键或在子标签处于选中的状态下向右旋转多功能旋钮以显示下一屏子标签（子标签在"选中"状态下，边缘为当前通道颜色，子标签高亮时为"编辑状态"，如图 1-7 所示的功能界面中屏幕下方的子标签），之后按下降沿软键输入所需数值，最后选择单位即可。

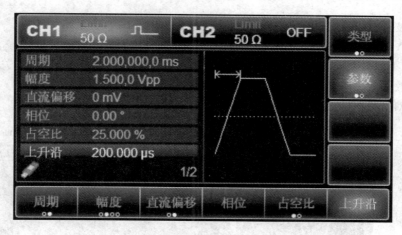

图 1-7　设置脉冲波图

注意：多功能旋钮和方向键相配合也可进行此参数的设置。

1.2　数字示波器的使用

1.2.1　面板介绍

数字示波器的面板如图 1-8 所示。

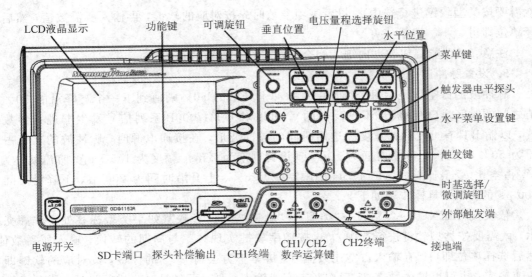

图 1-8　数字示波器的面板

1.2.2　快速操作

在测试波形时，可按照以下步骤完成快速操作（如图 1-9 所示）：

（1）按 AutoSet 键自动采集图形。

（2）按 CH1、CH2 键设置探头参数，设置探头的实际 1×、10× 衰减开关位置与屏幕菜单中的系数一致，设置被测信号为交直流。

（3）按 Measure 键读取数据。

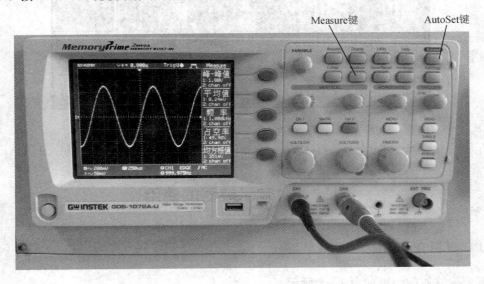

图 1-9　示波器操作图

1.3 数字万用表的使用

1. 面板说明

数字万用表的面板见图 1-10，包括电源开关、电容测试座、LCD 显示器、温度测试座、功能开关、晶体管测试座、输入插座。

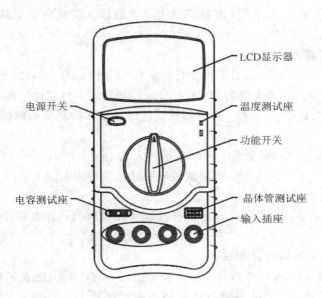

图 1-10 数字万用表的面板

2. 操作前注意事项

（1）将电源开关按下，检查电池电压，如果电池电压不足，将显示在显示器上，这时需更换电池。

（2）测试笔插孔旁边的符号表示输入电压或电流不应超过显示值，这是为了保护内部线路免受损坏。

3. 直流电压测量

（1）将黑表笔插入 COM 插孔，将红表笔插入 V 插孔。

（2）将功能开关置于量程范围，并将测试表笔并接到待测电源或负载上，红表笔所接端子的极性将同时显示。

注意：

（1）如果不知被测电压范围，将功能开关置于最大量程并逐渐下调。

（2）如果显示器只显示 1，则表示过量程，功能开关应置于更高量程。

（3）不要输入高于 1000 V 的电压。用数字万用表显示更高的电压值是可能的，但有损坏内部线路的危险。

（4）当测量高电压时要格外注意避免触电。

4. 交流电压测量

（1）将黑表笔插入 COM 插孔，将红表笔插入 V 插孔。

（2）将功能开关置于 V 量程范围，并将测试表笔并接到待测电源或负载上。

注意：不要输入高于有效值为 750 V 的电压。用数字万用表显示更高的电压值是可能的，但是有损坏内部线路的危险。

5. 直流电流测量

（1）将黑表笔插入 COM 插孔，当测量 200 mA(UT51 为 2A) 以下的电流时，将红表笔插入 mA 插孔；当测量最大值为 20 A(10 A) 的电流时，将红表笔插入 A 插孔。

（2）将功能开关置于 A 量程，并将测试表笔串联接入待测负载回路中，则显示电流值的同时，将显示红表笔的极性。

6. 交流电流的测量

（1）将黑表笔插入 COM 插孔，当测量 200 mA(UT51 为 2A) 以下的电流时，将红表笔插入 mA 插孔；当测量最大值为 20 A(10 A) 的电流时，将红色笔插入 A 插孔。

（2）将功能开关置于 A 量程，并将测试表笔串联接入待测负载回路中。

7. 电阻测量

（1）将黑表笔插入 COM 插孔，将红表笔插入 Ω 插孔。

（2）将功能开关置于 Ω 量程，将测试表笔并联接到待测电阻上。

8. 电容测量

连接待测电容之前，注意每次转换量程时复零需要时间，有漂移读数存在不会影响测试精度。

9. 二极管测试及蜂鸣通断测试

（1）将黑色表笔插入 COM 插孔，将红表笔插入 V/Ω 插孔（红表笔极性为"＋"），将功能开关置于二极管/蜂鸣挡，并将表笔连接到待测二极管上，读数为二极管正向压降的近似值。

（2）将表笔连接到待测线路的两端，如果两端之间的电阻值低于约 70 Ω，则内置蜂鸣器会发声。

10. 晶体管 h_{FE} 测试

（1）将功能开关置于 h_{FE} 量程。

（2）确定晶体管是 NPN 或 PNP 型，将基极、发射极和集电极分别插入面板上相应的插孔。

（3）显示器上将显示 h_{FE} 的近似值。测试条件为：$I_b \approx 10\ \mu A$，$U_{ce} \approx 2.8\ V$。

第 2 章　Multisim14.0 仿真软件的使用

2.1　概　述

Multisim14.0 是美国国家仪器 NI 有限公司推出的一个以 Windows 系统为基础的仿真工具，适用于板级的模拟/数字电路板的设计工作，目前在高校电子实验室得到了普遍使用。它包含了电路原理图的图形输入、电路硬件描述语言输入方式，可以使电路设计者方便、快捷地使用虚拟元器件、仪表进行电路设计和仿真分析。

Multisim14.0 仿真软件的功能特点如下：

（1）仿真环境直观，操作方便，界面简单明了；

（2）具备模拟、数字及模拟/数字混合电路的仿真功能；

（3）提供大量的信号源和数学模型元件，方便各种分析的需要；

（4）提供各种能发亮、发声的元器件，可用键盘控制电路中的开关、电位器、电感器调节，使模拟仿真过程更形象化；

（5）提供各种常用的仪器仪表，便于直接了解仿真结果，并允许多个仪表同时调用和重复调用，且仪表均具有存储功能。

2.2　Multisim14.0 基本界面及部分功能简介

Multisim14.0 的运行窗口包括标题栏、菜单栏、工具栏、项目管理器、电子表格视图（即信息窗口）、状态栏以及工作区域 7 个部分，如图 2-1 所示。

图 2-1　Multisim14.0 的运行窗口

2.2.1　菜单栏

菜单栏与 Windows 系统下的其他软件类似，采用下拉式菜单，包括文件、编辑、视图、绘制、MCU、仿真、转移、工具、报告、选项、窗口和帮助等 12 个菜单。

1. 文件

该菜单提供了对文件的打开、新建、保存等操作，如图 2-2 所示。

设计(D)		Ctrl+N
打开(O)...		Ctrl+O
打开样本(m)...		
关闭(C)		
全部关闭(l)		
保存(S)		Ctrl+S
另存为(a)		
全部保存(v)		
Export template...		
片断(i)	▶	
项目与打包(j)	▶	
打印(P)...		Ctrl+P
打印预览(w)		
打印选项(B)	▶	
最近设计(E)	▶	
最近项目(R)	▶	
文件信息(F)		Ctrl+Alt+I
退出(x)		

图 2-2　"文件"菜单

设计：用于新建一个文件，当启动 Multisim14.0 时，总是自动打开一个新的无标题电路窗口。

打开：用于打开已有的 Multisim14.0 可以识别的各种文件。

打开样本：用于打开系统自带的样例文件，如果需要的话，可以通过改变路径或驱动器找到所需文件。

关闭：关闭当前文件。

全部关闭：关闭打开的所有文件。

保存：保存当前的文件。单击后将显示一个标准的保存文件对话框。当然，根据需要也可以选择所需的路径或驱动器。对于 Windows 用户，文件的扩展名将会被自动定义为".msm"。

另存为：另存当前的文件。

全部保存：保存所有文件。

Export template：将当前文件保存为模板文件输出。

片断：将选中对象保存为片段，以便后期使用。

项目与打包：选择该命令，将弹出如图 2-3 所示的子菜单。该菜单包含新建项目、打开项目、保存项目、关闭项目、项目打包、项目解包、项目升级和版本控件。

打印：打印电路工作区的电路原理图。

打印预览：预览打印的电路图文件。

打印选项：包括"打印设置"和"打印电路工作区内的仪表"命令。

最近设计：选择打开最近打开过的文件。

最近项目：选择打开最近打开过的项目。

文件信息：显示当前文件的基本信息。选择该命令，将弹出"文件信息"对话框。该对话框中可显示文件名称、软件名称、应用程序版本、创建日期、用户信息、设计内容等，如图 2-4 所示。

退出：用于退出 Multisim14.0。

图 2-3　"项目与打包"子菜单　　　　图 2-4　"文件信息"对话框

2. 编辑

该菜单在电路绘制过程中用于对电路和元器件进行剪切、粘贴、旋转等操作命令，如图 2-5 所示。

撤消：取消前一次操作。

重复：恢复前一次操作。

剪切：剪切所选择的元器件，放在剪贴板中。

复制：将所选择的元器件复制到剪贴板中。

粘贴：将剪贴板中的元器件粘贴到指定的位置。

选择性粘贴：将剪贴板中的子电路粘贴到指定的位置。

删除：删除所选择的元器件。

删除多页：删除多页面。

全部选择：选择电路中所有的元器件、导线和仪器仪表。

查找：查找电路原理图中的元器件。

3．视图

该菜单用于控制仿真界面上显示的关于内容的操作命令，如图 2-6 所示。

4．绘制

该菜单提供了在电路工作窗口放置元器件、连接器、总线和文字等命令，如图 2-7 所示。

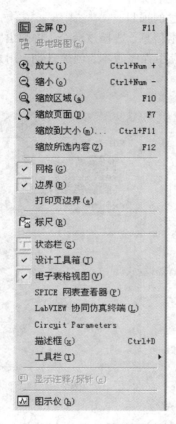

图 2-5　"编辑"菜单　　　　图 2-6　"视图"菜单　　　　图 2-7　"绘制"菜单

5．MCU（微控制器）

该菜单提供在电路工作窗口 MCU 的调试操作命令，如图 2-8 所示。

6．仿真

该菜单提供 18 个电路仿真设置与操作命令，如图 2-9 所示。

7．转移

该菜单提供 6 个传输命令，如图 2-10 所示。

图 2-8 "MCU"菜单   图 2-9 "仿真"菜单   图 2-10 "转移"菜单

8. 工具

该菜单提供 18 个元器件和电路编辑或管理命令,如图 2-11 所示。

9. 报告

该菜单提供材料单等 6 个报告命令,如图 2-12 所示。

10. 选项

该菜单提供电路界面和电路某些功能的设定命令,如图 2-13 所示。

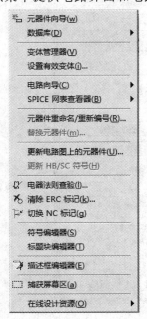

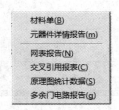

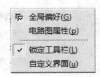

图 2-11 "工具"菜单   图 2-12 "报告"菜单   图 2-13 "选项"菜单

11. 窗口

该菜单用于对窗口进行纵向平铺、横向平铺、设计、层叠及关闭等操作，如图2-14所示。

12. 帮助

该菜单用于打开各种帮助信息，如图2-15所示。

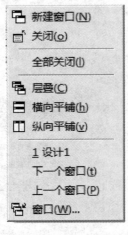

图 2-14　"窗口"菜单　　　　　　　　图 2-15　"帮助"菜单

2.2.2　工具栏

选择菜单栏中的"选项"→"自定义界面"命令，系统将弹出如图2-16所示的"自定义"对话框。打开"工具栏"选项卡，对工具栏中的功能按钮进行设置，以便用户创建自己的个性工具栏。

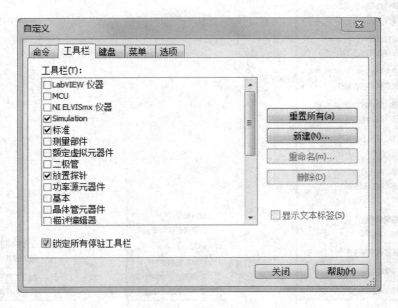

图 2-16　"自定义"对话框

　　在原理图的设计界面中，Multisim14.0 提供了丰富的工具栏，共有 22 种。在图 2－16 中勾选需要的工具栏，则该工具栏将显示在软件界面中。

　　绘制原理图常用的工具栏介绍如下：

　　"标准"工具栏：为用户提供了一些常用的文件操作快捷方式，如新建、打开、打印、复制、粘贴等，以按钮图标的形式表现出来，如图 2－17 所示。如果将光标悬停在某个按钮图标上，则该按钮所要完成的功能就会在图标下方显示出来，便于用户操作。

　　"视图"工具栏：为用户提供了一些视图显示的操作方法，如放大、缩小、缩放区域、缩放页面、全屏等，方便调整所编辑电路的视图大小，如图 2－18 所示。

图 2－17　"标准"工具栏

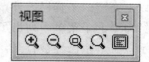

图 2－18　"视图"工具栏

　　"主"工具栏：Multisim14.0 软件的核心，使用它可进行电路的建立、仿真及分析，并最终输出设计数据等，完成对电路从设计到分析的全部工作。"主"工具栏中的按钮可以直接开关下层的工具栏，如图 2－19 所示。

图 2－19　"主"工具栏

　　"元器件"工具栏：按元器件模型分门别类地放到 18 个元器件库中，每个元器件库放置同一类型的元器件。用鼠标左键单击元器件"工具栏"的某一个图标即可打开该元器件库。"元器件"工具栏通常放在工作窗口的左边，也可以任意移动。除了这 18 个元器件库按钮外，"元器件"工具栏还包括"层次块来自文件"和"总线"，如图 2－20 所示。

图 2－20　"元器件"工具栏

　　"Simulation"（仿真）工具栏：原理图输入完毕，加载虚拟仪器后（没挂虚拟仪器时开关为灰色，即不可用），用鼠标单击该工具栏中的按钮即运行或停止仿真，如图 2－21 所示。

　　"放置探针"工具栏如图 2－22 所示。

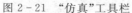

图 2－21　"仿真"工具栏

图 2－22　"放置探针"工具栏

　　"仪器"工具栏：如图 2－23 所示，它是进行虚拟电子实验和电子设计仿真的最快捷而又形象的特殊窗口。"仪器"工具栏从左到右分别为万用表、函数发生器、功率表、示波器、四通道示波器、频率特性测试仪、频率计数器、字发生器、逻辑分析仪、IV 分析仪、失真分析仪、光谱分析仪、网络分析仪、Agilent 函数发生器、Agilent 万用表、Agilent 示波器、Tektronix 示波器、LabVIEW 仪器、NI ELVISmx 仪器和放置探针。

图 2-23 "仪器"工具栏

除以上介绍的工具栏之外，用户还可以尝试操作其他工具栏。总之，在"视图"菜单下"工具栏"命令的子菜单中列出了所有原理图设计中的工具栏，在工具栏名称左侧有"√"标记即表示该工具栏已经被打开，否则该工具栏是被关闭的，如图 2-24 所示。

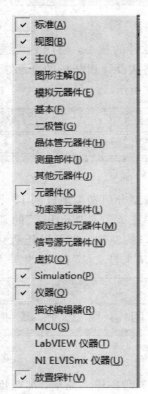

图 2-24 "工具栏"命令子菜单

2.2.3 项目管理器

在原理图设计中经常用到的工作面板有"设计工具箱"面板、"SPICE 网表查看器"面板及"LabVIEW 协同仿真终端"面板。

1. "设计工具箱"面板

"设计工具箱"面板基本位于工作界面左侧，主要用于层次电路的显示。启动软件，默认创建"设计 1"并以分层的形式显示出来。

　　该面板显示 3 个选项卡，包括层级、可见度和项目视图。其中，"层级"选项卡用于对电路的分层显示；"可见度"选项卡包括"原理图攫取"和"固定注解"两个选项组，勾选不同的复选框，可在原理图中显示对应属性；"项目视图"选项卡用于显示同一电路的不同页。

　　2. "SPICE 网表查看器"面板

　　"SPICE 网表查看器"面板用于显示 SPICE 网表的输入、输出情况。选择菜单栏中的"视图"→"SPICE 网表查看器"命令，可以控制该面板的打开与关闭。

　　3. "LabVIEW 协同仿真终端"面板

　　"LabVIEW 协同仿真终端"面板用于显示使用 LabVIEW 元器件的情况，显示输入、输出与未使用信息。选择菜单栏中的"视图"→"LabVIEW 协同仿真终端"命令，可以控制该面板的打开与关闭。

2.2.4　电子表格视图

　　"电子表格视图"面板（见图 2 - 25）位于工作界面下方，主要在检验电路是否存在错误时用来显示检验结果以及当前电路文件中所有元器件属性的统计窗口，可以通过该窗口改变元器件部分或全部的属性。

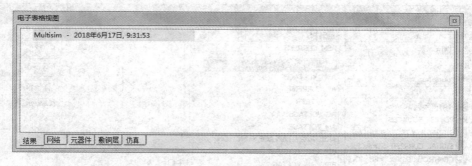

图 2 - 25　"电子表格视图"面板

　　该面板包括 5 个选项卡，分别显示原理图中不同属性对象的信息。

　　"结果"选项卡：显示电路中元器件的查找结果和 ERC 校验结果，但要使 ERC 校验结果显示在该页面上，需要在进行 ERC 校验时选择将结果显示在面板上。

　　"网络"选项卡：显示当前电路中所有网络的相关信息，部分参数可自定义修改。

　　"元器件"选项卡：显示当前电路中所有元器件的相关信息，可以自定义修改部分参数。

　　"敷铜层"选项卡：显示原理图图层的使用信息。

　　"仿真"选项卡：显示仿真结果。

2.3　Multisim14.0 元器件

2.3.1　Multisim14.0 元件库分类介绍

　　Multisim14.0 不仅提供了数量众多的元器件符号图形，还设计了元器件的模型，并将其分门别类地存储到各个元器件库中，如图 2 - 26 所示。

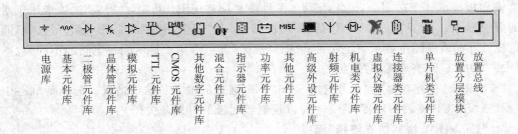

电源库　基本元件库　二极管元件库　晶体管元件库　模拟元件库　TTL元件库　CMOS元件库　其他数字元件库　混合元件库　指示器元件库　功率元件库　其他元件库　高级外设元件库　射频元件库　机电类元件库　虚拟仪器类元件库　连接器类元件库　单片机类元件库　放置分层模块　放置总线

图 2-26　元器件分类

1. 电源库（Sources）

单击"元器件"工具栏中的"放置源"按钮，弹出电源库对话框，如图 2-27 所示。该元件库包含电源（POWER_SOURCES）、电压信号源（SIGNAL_VOLTAGE_SOURCES）、电流信号源（SIGNAL_CURRENT_SOURCES）、受控电压源（CONTROLLED_VOLTAGE_SOURCES）、受控电流源（CONTROLLED_CURRENT_SOURCES）、控制功能模块（CONTROL_FUNCTION_BLOCKS）、数字控制模块（DIGITAL_SOURCES）几个系列。

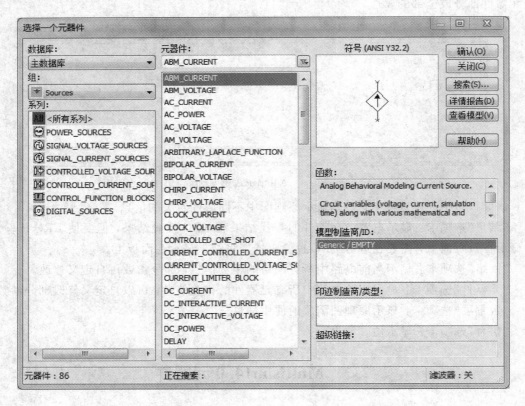

图 2-27　电源库

2. 基本元件库(Basic)

单击"元器件"工具栏中的"放置基本"按钮,弹出基本元件库对话框,如图2-28所示。该元件库包含基本虚拟器件(BASIC_VIRTUAL)、定额虚拟器件(RATED_VIRTUAL)、电阻排(RPACK)、开关(SWITCH)、变压器(TRANSFORMER)、非理想元件(NON_IDEAL_RLC)、继电器(RELAY)、插座/管座(SOCKETS)、示意图符号(SCHEMATIC_SYMBOLS)、电阻(RESISTOR)、电容(CAPACITOR)、电感(INDUCTOR)、电解电容(CAP_ELECTROLIT)、可变电阻(VARIABLE_RESISTOR)、可变电容(VARIABLE_CAPACITOR)、可变电感(VARIABLE_INDUCTOR)、电位器(POTENTIOMETER)、制造商电容(MANUFACTURER_CAPACITOR)等。

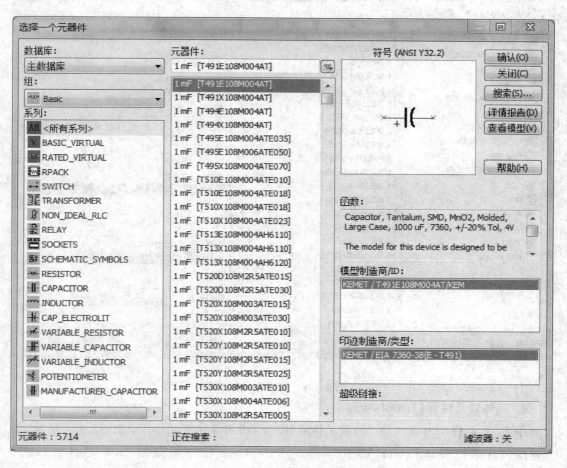

图2-28 基本元件库

3. 二极管元件库（Diodes）

单击"元器件"工具栏中的"放置二极管"按钮，弹出二极管元件库对话框，如图 2-29 所示。包含虚拟二极管（DIODES_VIRTUAL）、二极管（DIODE）、齐纳二极管（ZENER）、发光二极管（LED）、全波桥式整流器（FWB）、可控硅整流桥（SCR）、双向二极管开关（DIAC）、三端开关可控硅开关（TRIAC）、变容二极管（VARACTOR）等。

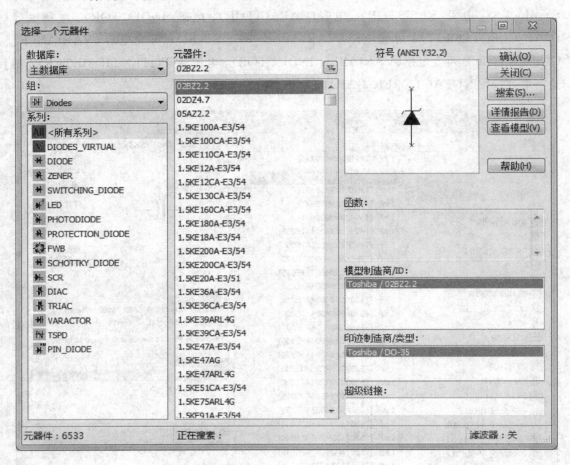

图 2-29　二极管元件库

4. 晶体管元件库（Transistors）

单击"元器件"工具栏中的"放置晶体管"按钮，弹出晶体管元件库，如图 2-30 所示。该元件库包含虚拟晶体管（TRANSISTORS_VIRTUAL）、双极结型 NPN 晶体管（BJT_NPN）、双极结型 PNP 晶体管（BJT_PNP）、绝缘栅双极型晶体管（IGBT）、N 沟道耗尽型金属-氧化物-半导体场效应管（MOS_ENH_N）、N 沟道耗尽型结型场效应管（JFET_N）、N 沟道 MOS 功率管（POWER_MOS_N）、温度模型（THERMAL_MODELS）。

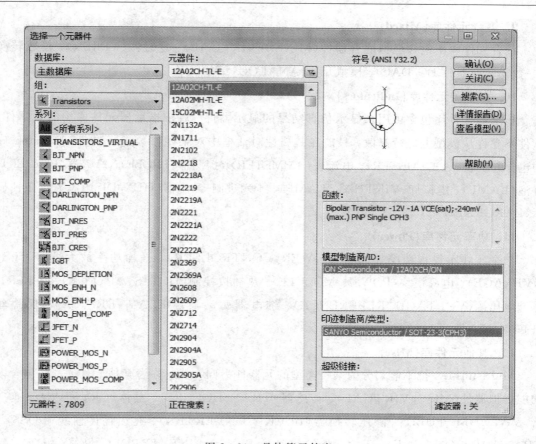

图 2-30　晶体管元件库

5. 模拟元件库(Analog)

单击"元器件"工具栏中的"放置模拟"按钮,弹出模拟元件库。该元件库包含模拟器件(ANALOG_VIRTUAL)、运算放大器(OPAMP)、诺顿运算放大器(OPAMP_NORTON)、比较器(COMPARATOR)、宽带放大器(WIDEBAND_AMPS)、特殊功能运算放大器(SPECIAL_FUNCTION)。

6. TTL 元件库(TTL)

TTL 元件库用于放置 TTL 数字集成逻辑器件,包含标准型集成电路(74STD 系列)和低功耗肖特基型集成电路(74LS 系列)。

7. CMOS 元件库(CMOS)

CMOS 元件库用于放置 CMOS 数字集成逻辑器件,包含 CMOS_5V 系列、CMOS_10V 系列、CMOS_15V 系列、74HC_2V 系列、74HC_4V 系列、74HC_6V 系列等器件。

8. 其他数字元件库(Misc Digital)

TTL 和 CMOS 元件库中的元器件都是按元器件的序号排列的,有时用户仅知道元器件的功能,而不知道具有该功能的元器件型号,就会给电路设计带来许多不便。其他数字元件库中的元器件则是按照元器件功能进行分类排列的。

9. 混合元件库(Mixed)

混合元件库中包含虚拟混合器件(MIXED_VIRTUAL)、定时器(TIMER)、模数转换器-数模转换器(ADC_DAC)、模拟开关(ANALOG_SWITCH)。

10. 指示器元件库(Indicators)

指示器元件库包含可用来显示仿真结果的显示器件。对于指示器元件库中的元器件,软件不允许从模型上进行修改,只能在其属性对话框中对某些参数进行设置。Indicators库中包含电压表(VOLTMETER)、电流表(AMMETER)、探测器(PROBE)、蜂鸣器(BUZZER)、灯泡(LAMP)、虚拟灯(VIRTUAL_LAMP)、十六进制-显示器(HEX_DISPLAY)、条柱显示(BARGRAPH)。

11. 功率元件库(Power)

功率元件库包含功率控制器(POWER_CONTROLLER)、平均功率放大器(SMPS_AVERAGE)、电源模块(POWER_MODULE)、热插拔控制(HOT_SWAP_CONTROLLER)、基准电压源(VOLTAGE_REFERENCE)、继电器驱动器(DELAY_DRIVER)、保险丝(FUSE)等。

12. 其他元件库(Misc)

Multisim14.0把不能划分为某一类型的元器件另归一类,称为其他元件库。库包含多功能虚拟器件(MISC_VIRTUAL)、传感器(TRANSDUCERS)、晶体(CRYSTAL)、真空管(VACUUM_TUBE)、降压转换器(BUCK_CONVERTER)、有损耗传输线(LOSSY_TRANSMISSION_LINE)、无损耗传输线(LOSSLESS_LINE_TYPE1)、网络(NET)、多功能元器件(MISC)等。

13. 高级外设元件库(Advanced_Peripherals)

该元件库包含有键盘(KEYPADS)、液晶显示器(LCDS)、终端(TERMINALS)、MISC外围设备(MISC_PERIPHERALS)等。

14. 射频元件库(RF)

当电路工作于低频状态时,由于电路的工作频率很高,将导致元器件模型的参数发生很多变化,在低频下的模型将不能适用于射频工作状态,因而Multisim14.0提供了专门适合射频电路的元器件模型,包括射频电容、射频电感等器件。

15. 机电类元件库(Electro_Mechanical)

机电类元件库包括辅助开关(SUPPLEMENTARY_SWITCHES)、同步触点(TIMED_CONTACTS)、线圈继电器(COILS_RELAYS)、保护装置(PROTECTION_DEVICES)等系列。

16. 虚拟仪器元件库(NI_Components)

虚拟仪器元件库包括E系列采集卡(E_SERIES_DAQ)、M系列采集卡(M_SERIES_DAQ)、通用接口总线(GPIB)、信号扩充(SCXI)等系列。

17. 连接器类元件库(Connectors)

该元件库包含音频视频(AUDIO_VIDEO)、数据用户(DSUB)、电源(POWER)、射频同轴电缆(RF_COAXIAL)、通用串口总线(USB)等系列。

18. 单片机类元件库(MCU)

该元件库包含有 805x、PIC、RAM、ROM 等系列。

2.3.2　元器件操作

原理图有两个基本要素,即元器件符号和线路连接。在放置元器件符号前,需要知道元器件符号在哪一个元器件库中,并载入该元器件库。

1. 浏览元器件

在"元器件"工具栏上单击任何一类元器件按钮即可弹出"选择一个元器件"对话框,在该对话框中会显示不同的数据库。在默认情况下,只有"主数据库"中包含元器件,因此"数据库"下拉列表中默认选择"主数据库"。在"组"下拉列表中选择元器件组。在"系列"下拉列表中选择相应的系列,这时在元器件区弹出该系列所对应的元器件列表,选择一种元器件,在功能区将出现该器件的信息。

2. 搜索元器件

Multisim14.0 还提供了强大的搜索功能来帮助用户快速找到所需要的元器件。在"选择一个元器件"对话框中,单击"搜索"按钮,将弹出"元器件搜索"对话框,在该对话框中用户可以搜索需要的元器件。

3. 放置元器件

在元器件库中找到元器件之后,单击"确认"按钮或者双击该元器件,此时光标将变成十字形状并附带着元器件的符号出现在工作窗口中,移动光标至合适的位置后单击,即完成了元器件的放置。如果仍需放置同类元器件,则可以选择菜单栏中的"选项"→"全局偏好",弹出对话框,打开元器件选项卡,勾选"持续布局",就可以继续放置该元器件了。完成放置后,右击或者按 Esc 键退出。

4. 删除元器件

选中元器件(可以多选),按 Delete 键可删除元器件。

5. 移动元器件

可通过鼠标实现移动一个元器件,方法是:将光标指向需要移动的元器件(可以选中,也可以不选中),按住左键不放,拖动鼠标,到达合适的位置后,释放鼠标左键,即可完成移动。

移动多个元器件的方法是:首先应将要移动的元器件全部选中,然后在其中任意一个元器件上按住鼠标左键并拖动,到达合适位置后释放鼠标左键即可。

6. 旋转元器件

可以通过菜单栏中的"编辑"→"方向"命令实现元器件旋转;也可以在该元器件上单击

右键，弹出快捷菜单进行旋转操作。

2.4 虚拟仪器的使用

Multisim14.0仿真软件可以实现计算机仿真设计与虚拟实验，又称为虚拟电子工作台。在"仪器"工具栏中，共有21个按钮，是进行虚拟电子实验和电子设计仿真的快捷而又形象的特殊窗口。这些虚拟仪器的参数设置、使用方法和外观设计与实验室中的真实仪器基本一致。

下面分别介绍实验室中经常用到的各种虚拟仪器的使用方法。

2.4.1 数字万用表

数字万用表可以完成交直流电压、交直流电流和电阻的测量。选择菜单栏中的"仿真"→"仪器"→"万用表"命令，或者单击"仪器"工具栏中的"万用表"按钮 ，在电路窗口的相应位置单击鼠标，完成万用表的放置。万用表图标如图2-31所示。双击该图标将得到数字万用表参数设置的控制面板，如图2-32所示。图中，上面的黑色条形框用于显示测量数值，下面为测量类型的选取栏。

图2-31　万用表图标　　　　图2-32　万用表参数设置面板

该面板的各个按钮功能如下：

A：测量对象为电流。

V：测量对象为电压。

Ω：测量对象为电阻。

dB：将万用表切换到分贝显示。

～：万用表的测量对象为交流参数。

—：万用表的测量对象为直流参数。

＋：万用表的正极。

—：万用表的负极。

设置：单击该按钮，可以设置数字万用表的各个参数。

2.4.2　函数发生器

　　函数发生器是可提供正弦波、三角波、方波 3 种不同波形信号的电压信号源。图 2-33 所示为函数发生器图标。

　　选择菜单栏中的"仿真"→"仪器"→"函数发生器"命令，或单击"仪器"工具栏中的"函数发生器"按钮 ，放置函数发生器图标。双击该图标，弹出函数发生器控制面板，如图 2-34所示。

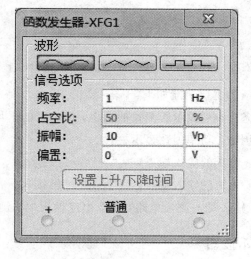

图 2-33　函数发生器图标　　　　　　　图 2-34　函数发生器控制面板

该面板各个部分的功能如下：

波形：该选项组下的 3 个按钮用于选择输出波形，分别为正弦波、三角波和方波。

信号选项：包括频率设置、占空比设置（可以设置三角波和方波的占空比）、振幅设置、偏置电压设置、方波的上升/下降时间设置。

＋：波形电压信号的正极性输出端。

－：波形电压信号的负极性输出端。

普通：公共接地端。

2.4.3　功率表

　　功率表用来测量电路的功率，交流电路或者直流电路均可测量。功率表图标如图 2-35 所示。

图 2-35　功率表图标

选择菜单栏中的"仿真"→"仪器"→"瓦特计"命令，或者单击"仪器"工具栏中的"瓦特计"按钮■，放置功率表图标。双击该图标可以打开功率表控制面板，如图 2-36 所示。

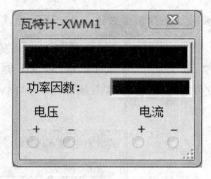

图 2-36　功率表控制面板

该面板的主要功能如下：

黑色条形框：显示所测量的功率，即电路的平均功率。

功率因数：功率因数显示栏。

电压：电压的输入端点，从"＋""－"极接入。

电流：电流的输入端点，从"＋""－"极接入。

其中，电压输入端与测量电路并联，电流输入端与测量电路串联。

2.4.4　示波器

示波器是用来显示电信号波形的形状、大小、频率等参数的仪器。图 2-37 为双通道示波器的图标。

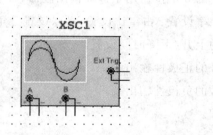

图 2-37　示波器图标

选择菜单栏中的"仿真"→"仪器"→"示波器"命令，或者单击"仪器"工具栏中的"示波器"按钮■，放置图标，双击示波器图标。打开如图 2-38 所示的示波器控制面板。

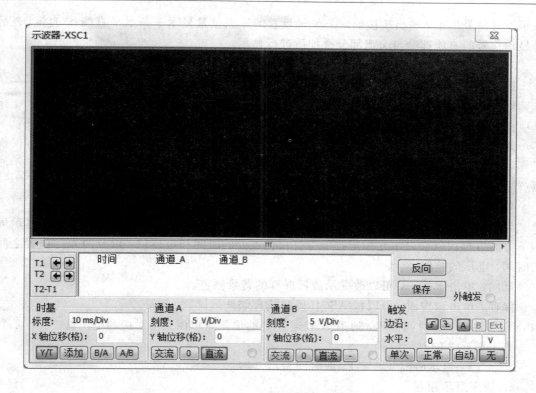

图 2-38　示波器控制面板

示波器控制面板各按键的作用、调整及参数的设置与实际的示波器类似，一共分为 3 个参数设置选项组和 1 个波形显示区。

1."时基"选项组

标度：用于显示示波器的时间基准，可改变 X 轴方向每个网格的时间长度。

X 轴位移：用来控制 X 轴的起始点。当 X 位置调到 0 时，信号从显示器的左边缘开始，正值是起始点右移，负值是起始点左移。X 位置的调节范围为 -5.00～+5.00。

显示方式选择："Y/T"表示选择 X 轴显示时间刻度且 Y 轴显示电压信号幅度的显示方式；"添加"表示选择 X 轴显示时间且 Y 轴显示的电压信号幅度为 A 通道和 B 通道的输入电压之和的方式；"B/A"表示选择将 A 通道作为 X 轴扫描信号，B 通道信号幅度除以 A 通道信号幅度后所得信号作为 Y 轴信号输出的显示方式；"A/B"表示选择将 B 通道作为 X 轴扫描信号，A 通道信号幅度除以 B 通道信号幅度后所得信号作为 Y 轴信号输出的显示方式。

2."通道"选项组

刻度：可改变 Y 轴方向每个网格所对应的电压刻度，根据输入信号大小来选择刻度值的大小，使信号波形在示波器显示屏上显示出合适的幅度。

Y 轴位移：控制 Y 轴的起始点。当 Y 轴的位置调到 0 时，Y 轴的起始点与 X 轴重合。如果将 Y 轴位置增加到 1.00，则 Y 轴原点位置从 X 轴向上移一大格；如果将 Y 轴位置减小到 -1.00，则 Y 轴原点位置从 X 轴向下移一大格。Y 轴位置的调节范围为 -3.00～+3.00。改变 A、B 通道的 Y 轴位置有助于比较或分辨两通道的波形。

输入的耦合方式："交流"表示滤除显示信号的直流部分，仅显示信号的交流部分；"0"

表示没有信号显示，输出端接地，在 Y 轴设置的原点位置显示一条水平直线；"直流"表示将显示信号的直流部分与交流部分叠加后进行显示。

3. "触发"选项组

边沿：可选择上升沿或下降沿触发。

触发信号的选择：有 A 通道、B 通道和外部触发源 3 种选择，可以设置触发电平的大小。该选项表示只有当被显示的信号幅度超过右侧文本框中的数值时，示波器才能采样显示。

触发方式的选择："单次"表示单脉冲触发方式，满足触发电平的要求后，示波器仅仅采样一次，每按一次"单次"，产生一个触发脉冲；"正常"表示只要满足触发电平要求，示波器就采样显示输出一次；"自动"表示自动触发方式，只要有输入信号就显示波形。

4. 波形显示区

要显示波形读数的精确值，可以用鼠标将垂直光标拖到需要读取数据的位置，显示屏幕下方的方框内就会显示光标与波形垂直相交点处的时间和电压值，以及两光标位置之间的时间、电压的差值。

反向：单击该按钮，可以改变示波器屏幕的背景颜色。

保存：单击该按钮，可以按 ASCII 码格式存储波形读数。

T1：游标 1 的时间位置，通道 A 和通道 B 的位置显示该处所对应的电压值。

T2：游标 2 的时间位置。

T2—T1：显示游标 T2 与 T1 的时间差。

5. 波形显示颜色

只要设置 A 通道和 B 通道连接导线的颜色，则波形的显示便与导线的颜色相同。其方法是：快速双击连接导线，在弹出的对话框中设置导线颜色即可。

2.4.5　其他虚拟仪器

波特图仪是用来测量和显示一个电路、系统或放大器幅频特性与相频特性的一种仪器，其功能类似于实验室中的扫频仪。

频率计是用来测量频率的仪器。

逻辑分析仪可以同步记录和显示 16 路逻辑信号，可用于对数字逻辑信号进行高速采集和时序分析。

电压/电流分析仪用于分析二极管、PNP 和 NPN 晶体管、PMOS 和 CMOSFET 的伏安特性。

失真分析仪用于测量信号的失真程度与信噪比等参数，经常用于测量存在较小失真度的低频信号。

光谱分析仪用来分析信号的频域特性。

网络分析仪是一种用来分析双端口网络的仪器，它可以测量衰减器、放大器、混频器和功率分配器等电子电路及元器件的特性。

2.5　电路板的总体设计流程

（1）创建电路文件：运行 NI Multisim14.0，它会自动创建一个默认标题的新电路文件。该电路文件可以在保存时重新命名。

（2）规划电路界面：需要根据具体电路的组成来规划电路界面，如图纸的大小及摆放方向、电路颜色、元器件符号标准等。

（3）放置元器件：将电路中所用的元器件从元器件库中放置到电路工作区，并对元器件的位置进行调整、修改，对元器件的编号、封装进行定义等。

（4）连接线路和放置节点：连接电路中的元器件并将节点放置到连线上，构成一个完整的原理图。连接线路有自动和手动两种方法。

（5）连接仪器仪表：电路图连接好后，根据需要将仪表从仪表库中接入电路，以供实验分析使用。

（6）运行仿真并检查错误：电路图绘制好后，运行仿真并观察仿真结果。如果电路存在问题，就需要对电路的参数和设置进行检查和修改。

（7）仿真结果分析：通过测试仪器得到的仿真结果对电路原理进行验证，观察结果和设计目的是否一致，如果不一致，则需要对电路进行修改。

（8）保存电路文件。

2.6　Multisim14.0 仿真软件的应用举例

本节将以数字电路中 JK 触发器的特性为例介绍 Multisim14.0 仿真软件的应用，利用示波器测试电路的输入、输出电压波形。

在电路原理图编辑窗口编辑 JK 触发器电路，如图 2-39 所示。

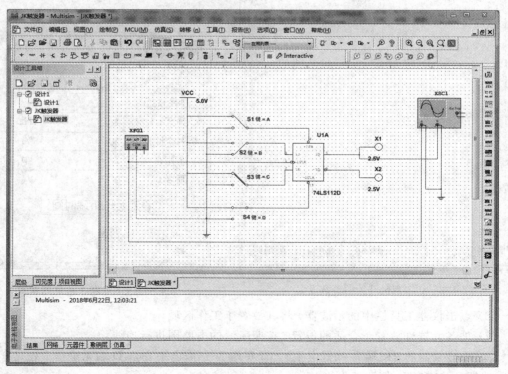

图 2-39　JK 触发器电路的编辑窗口

基本步骤如下：

（1）打开元器件工具栏中的电源库（Sources），选择"POWER_SOURCES"系列中的 VCC 元件（晶体管电源）和 GROUND 元件（地线）。

（2）打开元器件工具栏中的基本元件库（Basic），选择"SWITCH"系列 SPDT 元件（单刀双掷开关），放置 3 组逻辑开关。双击该元器件，弹出对话框，可以进行元件参数的设置，如图 2-40 所示。3 个逻辑开关的快捷键分别设置为 A、B、C，先点击右键，然后选择"水平翻转"命令，即可改变开关的方向。

（3）打开元器件工具栏中的 TTL 元件库（TTL），选择 74LS 系列 74LS112 元件（双 JK 触发器芯片），双击该器件可以看到元件参数，其中引脚选项中包含两个隐藏引脚，默认接 VCC 和地线，以保证芯片正常工作。

（4）打开元器件工具栏中的指示器元件库（Indicators），选择"PROBE"组 PROBE 元件（探测器），放置 2 个。该探测器只有一个端子，相当于一个 LED，使用时将其与电路中的输出连接，当输出达到高电平时探测器发光。点击右键，使探测器顺时针旋转 90°。

（5）点击仪器工具栏中的函数发生器，将其放置于工作区域。双击该仪器，弹出如图 2-41 所示的对话框，改变其中的波形为"方波"，频率为"1 kHz"，振幅为"3Vp"。

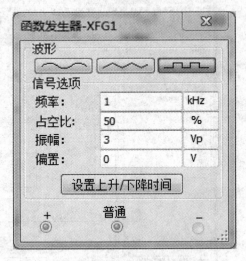

图 2-40　逻辑开关的参数设置　　　　　　图 2-41　函数发生器参数设置

（6）点击仪器工具栏中的示波器，将其放置于工作区域。

（7）把各元器件放置于合适的位置，按照所给的电路图进行连线。

① JK 触发器的 PR 端为 0（低电平），CLR 端为 1（高电平）时，D 端无论是 1 还是 0，输出 Q 端都是状态"1"，探测器发光。

② JK 触发器的 PR 端为 1（高电平），CLR 端为 0（低电平）时，D 端无论是 1 还是 0，输

出 Q 端都是状态"0"，探测器不发光。

③ JK 触发器的 PR 端为 0(低电平)，CLR 端为 0(低电平)时，输出 Q 端状态为"不定态"。

④ 保持 JK 触发器的 PR 端为 1(高电平)、CLR 端为 1(高电平)不变，当 J 端为 0、K 端为 0 时，输出 Q 端的状态与原来状态一致；当 J 端为 1、K 端为 0 时，在时钟信号下降沿，输出 Q 端的状态变为"1"；当 J 端为 0、K 端为 1 时，在时钟信号下降沿，输出 Q 端的状态变为"0"；当 J 端为 1、K 端为 1 时，在时钟信号下降沿，输出 Q 端的状态与原来状态相反。时钟信号与输出信号的波形如图 2－42 所示。

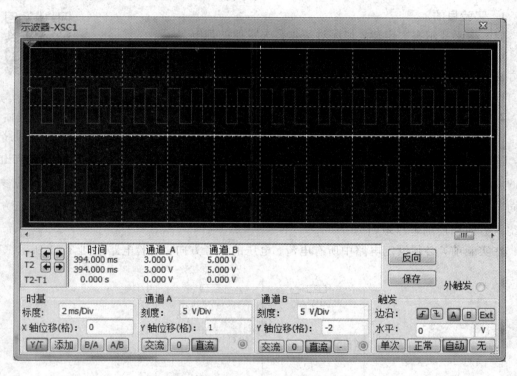

图 2－42　JK 触发器时钟信号与输出信号波形图

第 3 章　电路实验

3.1　基尔霍夫定律的验证

1. 实验目的

（1）验证基尔霍夫定律，加深对基尔霍夫定律的理解。

（2）掌握直流电流表的使用，学会用电流插头、插座测量各支路电流
的方法。

3-1　基尔霍夫
定律的验证

（3）学习检查、分析电路简单故障方法。

2. 实验原理

基尔霍夫电流定律和电压定律是电路的基本定律，它们分别描述节点电流和回路电压，即对电路中的任一节点而言，在设定的电流的参考方向下，应有 $\sum I = 0$。一般流出节点的电流取负号，流入节点的电流取正号；对任何一个闭合回路而言，在设定电压的参考方向下绕行一周，应有 $\sum U = 0$，一般电压方向与绕行方向一致的电压取正号，电压方向与绕行方向相反的电压取负号。

在实验前，必须设定电路中所有电流、电压的参考方向，实验电路如图 3-1 所示。

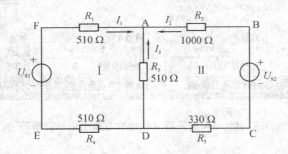

图 3-1　基尔霍夫定律电路图

3. 实验设备

（1）直流数字电压表、直流数字电流表；

（2）恒压源（双路 0～30 V 可调）

（3）NEEL-003A 组件。

4. 实验内容

实验电路如图 3-1 所示，图中的电源 U_{S1} 接恒压源 I 路 0～+30 V 可调电压输出端，并将其输出电压调到 +6 V，U_{S2} 接恒压源 II 路 0～+30 V 可调电压输出端，并将其输出电压调到 +12 V（以直流数字电压表的读数为准）。

实验前先设定三条支路的电流参考方向，如图中的 I_1、I_2、I_3 所示，并熟悉电路结构，

掌握各开关的操作使用方法。

（1）熟悉电流插头的结构。

将电流插头的红接线端插入数字电流表的红（正）接线端，将电流插头的黑接线端插入数字电流表的黑（负）接线端。

（2）测量支路电流。

将电流插头分别插入三条支路的三个电流插座中，读出各个电流值。规定：在节点 A，电流表读数为"＋"，表示电流流入节点；读数为"－"，表示电流流出节点。然后根据图 3-1 中的电流参考方向，确定各支路电流的正、负号，并记入表 3-1 中。

表 3-1 支路电流数据

支路电流/mA	I_1	I_2	I_3
计算值			
测量值			
相对误差			

（3）测量元件电压。

用直流数字电压表分别测量两个电源及电阻元件上的电压值，将数据记入表 3-2 中。测量时电压表的红（正）接线端应插入被测电压参考方向的高电位端，黑（负）接线端插入被测电压参考方向的低电位端。

表 3-2 各元件电压数据

电压/V	U_{S1}	U_{S2}	U_{R1}	U_{R2}	U_{R3}（左）	U_{R3}（右）	U_{R4}	U_{R5}
计算值								
测量值								
相对误差								

注：相对误差 = $\dfrac{\text{绝对误差}}{\text{计算值}} \times 100\%$。

5. 实验注意事项

（1）所有需要测量的电压值，均以电压表测量的读数为准，不以电源表盘指示值为准。

（2）防止电源两端碰线短路。

（3）用指针式电流表进行测量时，要识别电流插头所接电流表的"＋""－"极性。若极性接反，则电表指针可能反偏而损坏设备（电流为负值时）。此时必须调换电流表极性，重新测量。此时指针正偏，但读得的电流值必须冠以正确的符号。

6. 预习与思考题

（1）根据图 3-1 中的电路参数，计算出待测的电流 I_1、I_2、I_3 和各电阻上的电压值，写出详细的计算过程，并将计算结果记入表 3-1 和表 3-2 中。

（2）在图 3-1 的电路中，A、D 两个节点的电流方程是否相同？为什么？

（3）在图 3-1 的电路中可以列几个电压方程？它们与绕行方向有无关系？

（4）实验中，若用指针式万用表的直流毫安挡测各支路电流，则什么情况下可能出现毫安表指针反偏？应如何处理？在记录数据时应注意什么？若用直流数字毫安表进行测量，则会有什么显示呢？

7. 实验报告要求

（1）根据实验数据，选定实验电路中的任一个节点，验证基尔霍夫电流定律（KCL）的正确性。

（2）选定实验电路中的任一个闭合回路，验证基尔霍夫电压定律（KVL）的正确性。

（3）列出求解电压 U_{EA} 和 U_{CA} 的电压方程，并根据实验数据求出它们的数值。

3.2　电压源、电流源及电源的等效变换

1. 实验目的

（1）掌握建立电源模型的方法。

（2）掌握电源外特性的测试方法。

（3）加深对电压源和电流源特性的理解。

（4）研究电源模型等效变换的条件。

3-2　电压源、电流源及其电源的等效变换

2. 实验原理

（1）理想电压源和理想电流源。

理想电压源具有端电压保持恒定不变，而输出电流的大小由负载决定的特性。其外特性，即端电压 U 与输出电流 I 的关系 $U=f(I)$ 是一条平行于 I 轴的直线。实验中使用的恒压源在规定的电流范围内具有很小的内阻，可以将它视为一个理想电压源。

理想电流源具有输出电流保持恒定不变，而端电压的大小由负载决定的特性。其外特性，即输出电流 I 与端电压 U 的关系 $I=f(U)$ 是一条平行于 U 轴的直线。实验中使用的恒流源在规定的电流范围内具有极大的内阻，可以将它视为一个理想电流源。

（2）实际电压源和实际电流源。

实际上任何电源内部都存在电阻，通常称为内阻。因而，实际电压源可以用一个内阻 R_S 和电压源 U_S 串联表示，其端电压 U 随输出电流 I 的增大而降低。在实验中，可以用一个小阻值的电阻与恒压源相串联来模拟一个实际电压源。

实际电流源是用一个内阻 R_S 和电流源 I_S 并联表示的，其输出电流 I 随端电压 U 的增大而减小。在实验中，可以用一个大阻值的电阻与恒流源相并联来模拟一个实际电流源。

（3）实际电压源和实际电流源的等效互换。

一个实际的电源，就其外部特性而言，既可以看成一个电压源，又可以看成一个电流源。若视为电压源，则可用一个电压源 U_S 与一个电阻 R_S 相串联来表示；若视为电流源，则可用一个电流源 I_S 与一个电阻 R_S 相并联来表示。若它们向同样大小的负载提供同样大小的电流和端电压，则称这两个电源是等效的，即具有相同的外特性。

实际电压源与实际电流源等效变换的条件如下：

（1）实际电压源与实际电流源的内阻均为 R_S。

（2）若已知实际电压源的参数为 U_S 和 R_S，则实际电流源的参数为 $I_S=U_S/R_S$ 和 R_S；若已知实际电流源的参数为 I_S 和 R_S，则实际电压源的参数为 $U_S=I_S R_S$ 和 R_S。

3. 实验设备

(1) 直流数字电压表、直流数字电流表；

(2) 恒压源（双路 0～30 V 可调）；

(3) 恒流源（0～200 mA 可调）；

(4) NEEL-23A 组件。

4. 实验内容

(1) 测定理想电压源（恒压源）与实际电压源的外特性。

理想电压源实验电路如图 3-2 所示。图中的电源 U_S 用电压源可调电压，并调到 +6 V，R_1 为 200 Ω 的固定电阻，R_2 为 1000 Ω 的电位器。调节电位器 R_2，令其阻值由小至大变化，将电流表、电压表的读数记入表 3-3 中。

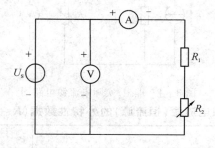

图 3-2　理想电压源实验电路图

表 3-3　理想电压源（恒压源）的外特性数据

I/mA							
U/V							

注：表格中，第一列空格记录 $R_2=0$ 时的电流、电压，最后一列空格记录 $R_2=1000$ 时的电流、电压。表3-4～表3-6 的要求相同。

在图 3-2 所示的电路中，将电压源改成实际电压源，如图 3-3 所示，图中 U_S 为 +6 V，内阻 R_S 取 51 Ω 的固定电阻，调节电位器 R_2，令其阻值由小至大变化，将电流表、电压表的读数记入表 3-4 中。

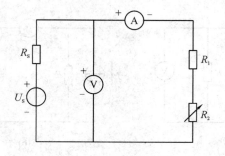

图 3-3　实际电压源电路图

表 3 - 4　实际电压源的外特性数据

I/mA						
U/V						

（2）测定理想电流源（恒流源）与实际电流源的外特性。

按图 3 - 4 接线，图中 I_S 为恒流源，调节其输出为 5 mA（用毫安表测量），R_2 为 1000 Ω 的电位器，在 R_S 分别为 1 kΩ 和 ∞ 两种情况下，调节电位器 R_2，令其阻值由小至大变化，将电流表、电压表的读数分别记入表 3 - 5 和表 3 - 6 中。

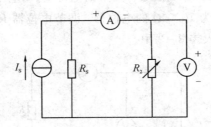

图 3 - 4　理想/实际电流源电路图

表 3 - 5　理想电流源（恒流源）的外特性数据（$R_\mathrm{S}=\infty$，即断路）

I/mA						
U/V						

表 3 - 6　实际电流源的外特性数据（$R_\mathrm{S}=1\ \mathrm{k\Omega}$）

I/mA						
U/V						

（3）研究电源等效变换的条件。

按图 3 - 5 所示电路接线，其中内阻 R_S 均为 51 Ω，负载电阻 R 均为 200 Ω。在图 3 - 5（a）所示电路中，U_S 用恒压源 0～+30 V 可调电压，并将其输出电压调到 +6V，记录电流表、电压表的读数。然后调节图 3 - 5（b）所示电路中的恒流源 I_S，令两表的读数与图 3 - 5（a）中电压表、电流表的数值相等，记录 I_S 的值，验证等效变换条件的正确性。将所测数据填入表 3 - 7 中。

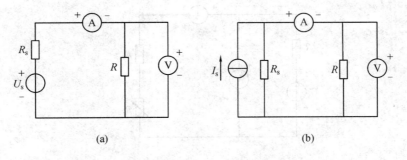

(a)　　　　　　　　　　　　　(b)

图 3 - 5　实际电源等效变换

表 3 - 7　验证等效变换的数据

U_S/V	R_S	U/V	I/mA	I_S/mA
6	51			

5. 实验注意事项

（1）测电压源的外特性时，不要忘记测空载（$I=0$）时的电压值；测电流源的外特性时，不要忘记测短路（$U=0$）时的电流值。注意恒流源负载电压不可超过 20 V，负载更不可开路。

（2）换接线路时，必须关闭电源开关。

（3）直流仪表的接入应注意极性与量程。

6. 预习与思考题

（1）理想电压源的输出端为什么不允许短路？理想电流源的输出端为什么不允许开路？

（2）说明理想电压源和理想电流源的特性，其输出是否能在任何负载下都能保持恒定值？

（3）实际电压源与实际电流源的外特性为什么呈下降变化趋势？下降快慢受哪个参数影响？

（4）实际电压源与实际电流源等效变换的条件是什么？所谓等效，是对谁而言的？电压源与电流源能否等效变换？

7. 实验数据处理

（1）根据实验数据绘出电源的四条外特性，并总结、归纳两类电源的特性。

（2）用实验数据验证电源等效变换的条件。

3.3　线性电路叠加性和齐次性的验证

1. 实验目的

（1）验证叠加原理和齐次原理。

（2）了解叠加原理和齐次原理的应用场合。

（3）理解线性电路的叠加性和齐次性。

2. 实验原理

3 - 3　线性电路叠加性和齐次性的验证

叠加原理指出：在有几个电源共同作用下的线性电路中，通过每个元件的电流或其两端的电压，可以看成由每个电源单独作用时在该元件上所产生的电流或电压的代数和。具体方法是：一个电源单独作用时，其他电源必须去掉（电压源位置短路，电流源位置开路）；在求电流或电压的代数和时，若电源单独作用时电流或电压的参考方向与共同作用时的参考方向一致，则符号取正，否则取负。叠加原理反映了线性电路的叠加性。

线性电路的齐次性是指当激励信号（如电源作用）增加为原来的 K 倍或减小为原来的 $1/K$ 时，电路的响应（即在电路其他各电阻元件上所产生的电流和电压值）也将增加为原来的 K 倍或减小为原来的 $1/K$。

　　叠加性和齐次性都只适用于求解线性电路中的电流、电压。对于非线性电路，叠加性和齐次性都不适用。

3. 实验设备

（1）直流数字电压表、直流数字电流表；

（2）恒压源（双路 0～30 V 可调）；

（3）NEEL-003A 组件。

4. 实验内容

　　实验电路如图 3-6 所示。图中，$R_1=R_3=R_4=510\ \Omega$，$R_2=1000\ \Omega$，$R_5=330\ \Omega$，电源 U_{S1} 用恒压源 Ⅰ 路 0～+30 V 可调电压，并调到+12 V，U_{S2} 用恒压源 Ⅱ 路 0～+30 V 可调电压，并调到+6 V（以直流数字电压表读数为准），开关 S_3 投向 R_5 侧。

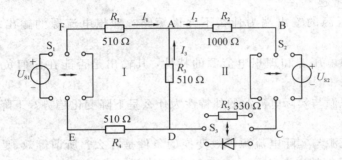

图 3-6　线性电路叠加性与齐次性验证电路图

　　（1）U_{S1} 电源单独作用。

　　将开关 S_1 投向 U_{S1} 侧，开关 S_2 投向短路侧，标明各电流、电压的参考方向。

　　① 用直流数字电流表接电流插头测量各支路电流。将电流插头的红接线端插入数字电流表的红（正）接线端，将电流插头的黑接线端插入数字电流表的黑（负）接线端，测量各支路电流。规定：在节点 A，电流表读数为"+"，表示电流流入节点；电流表读数为"−"，表示电流流出节点。根据电路中的电流参考方向，确定各支路电流的正、负号，并将数据记入表 3-8 中。

　　② 用直流数字电压表测量各电阻元件两端电压。电压表的红（正）接线端应插入被测电阻元件电压参考方向的正端，电压表的黑（负）接线端插入电阻元件的另一端，测量各电阻元件两端的电压，并将数据记入表 3-8 中。

表 3-8　实验数据一

实验内容	U_{S1}	U_{S2}	I_1	I_2	I_3	U_{AB}	U_{CD}	U_{AD}	U_{DE}	U_{FA}
U_{S1} 单独作用	12	0								
U_{S2} 单独作用	0	6								
U_{S1}、U_{S2} 共同作用	12	6								
U_{S2} 单独作用	0	12								

　　注：表中电流的单位均为 mA，电压的单位均为 V。

（2）U_{S2} 电源单独作用。

将开关 S_1 投向短路侧，开关 S_2 投向 U_{S2} 侧，标明各电流、电压的参考方向。重复步骤（1）的测量并将数据记入表格 3-8 中。

（3）U_{S1} 和 U_{S2} 共同作用。

将开关 S_1 和 S_2 分别投向 U_{S1} 和 U_{S2} 侧，各电流、电压的参考方向同步骤（1）。

（4）U_{S2} 电源单独作用。

将电源电压调成 12 V，测量并将数据记入表格 3-8 中。

（5）非线性电路的叠加性和齐次性的验证。

将开关 S_3 投向二极管一侧，即电阻 R_5 换成一只二极管，并把 U_{S2} 的正、负极互换一下，重复步骤（1）～（4）的测量过程，并将数据记入表 3-9 中。

表 3-9 实验数据二

实验内容	U_{S1}	U_{S2}	I_1	I_2	I_3	U_{AB}	U_{CD}	U_{AD}	U_{DE}	U_{FA}
U_{S1} 单独作用	12	0								
U_{S2} 单独作用	0	6								
U_{S1}、U_{S2} 共同作用	12	6								
U_{S2} 单独作用	0	12								

注：表中电流的单位均为 mA，电压的单位均为 V。

5. 实验注意事项

（1）用电流插头测量各支路电流时，应注意仪表的极性及数据表格中"＋""－"的记录。

（2）注意及时更换仪表量程。

（3）电压源单独作用时，去掉另一个电源，只能在实验板上用开关 S_1 或 S_2 操作，而不能直接将电压源短路。

6. 预习与思考题

（1）叠加原理中 U_{S1}、U_{S2} 分别单独作用，在实验中应如何操作？可否将要去掉的电源（U_{S1} 或 U_{S2}）直接短接？

（2）实验电路中，若将一个电阻元件换为二极管，试问叠加性还成立吗？为什么？

7. 实验数据处理

（1）根据表 3-8 实验数据一，通过求各支路电流和各电阻元件两端的电压，验证电路的叠加性与齐次性。

（2）各电阻元件所消耗的功率能否用叠加原理计算得出？试用表 3-8 的实验数据计算说明。

（3）根据表 3-9 实验数据二，分别用电流、电压举两个例子说明叠加性和齐次性是否适用该实验电路。

3.4　戴维宁定理和诺顿定理的验证

1. 实验目的

（1）验证戴维宁定理、诺顿定理的正确性，加深对该定理的理解。

（2）掌握测量有源二端网络等效参数的一般方法。

3－4　戴维宁
定理和诺顿
定理的验证

2. 实验原理

（1）戴维宁定理和诺顿定理。

戴维宁定理指出：任何一个有源二端网络，如图 3－7（a）所示，总可以用一个电压源 U_S 和一个电阻 R_S 串联组成的实际电压源来代替，如图 3－7（b）所示。其中：电压源 U_S 等于这个有源二端网络的开路电压 U_{OC}，内阻 R_S 等于该网络中所有独立电源均置零（电压源短接，电流源开路）后的等效电阻 R_0。

诺顿定理指出：任何一个有源二端网络，如图 3－7（a）所示，总可以用一个电流源 I_S 和一个电阻 R_S 并联组成的实际电流源来代替，如图 3－7（c）所示。其中：电流源 I_S 等于这个有源二端网络的短路电源 I_{SC}，内阻 R_S 等于该网络中所有独立电源均置零（电压源短接，电流源开路）后的等效电阻 R_0。

U_S、R_S 和 I_S 称为有源二端网络的等效参数。

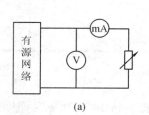　　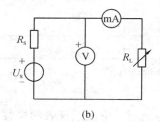　　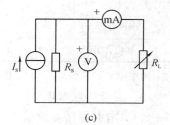

（a）　　　　　　　　　　（b）　　　　　　　　　　（c）

图 3－7　有源二端网络等效电路图

（2）有源二端网络等效参数的测量方法。

① 开路电压、短路电流法。当有源二端网络输出端开路时，用电压表直接测其输出端的开路电压 U_{OC}，然后将其输出端短路，测其短路电流 I_{SC}，则内阻 $R_S = U_{OC}/I_{SC}$。

若有源二端网络的内阻值很低，则不宜测其短路电流。

② 半电压法。如图 3－8 所示，当负载电压为被测网络的开路电压 U_{OC} 的一半时，负载电阻 R_L 的大小（由电阻箱的读数确定）即为被测有源二端网络的等效内阻 R_S 的数值。

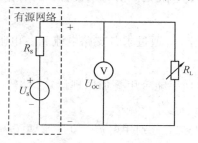

图 3－8　半电压法

③ 零示法。在测量具有高内阻有源二端网络的开路电压时，用电压表进行直接测量会

造成较大的误差。为了消除电压表内阻的影响，往往采用零示法，如图 3－9 所示。零示法的测量原理是：用一低内阻的恒压源与被测有源二端网络进行比较，当恒压源的输出电压与有源二端网络的开路电压相等时，电压表的读数为"0"，然后将电路断开，测量此时恒压源的输出电压 U，即为被测有源二端网络的开路电压。

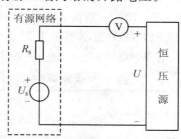

图 3－9 零示法

3. 实验设备

（1）直流数字电压表、直流数字电流表；

（2）恒压源（双路 0～30 V 可调）；

（3）恒源流（0～200 mA 可调）；

（4）NEEL-003A 组件、NEEL-23A 组件、1 号实验箱。

4. 实验内容

被测有源二端网络如图 3－10 所示。

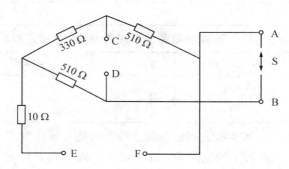

图 3－10 有源二端网络

（1）在图 3－10 所示电路的 C、D 端接入电源，在 E、F 端接入电阻。

测开路电压 U_{OC}：在图 3－10 所示的电路中，用电压表测量 A、B 点之间的开路电压 U_{OC}，将数据记入表 3－10 中。

测短路电流 I_{SC}：在图 3－10 所示的电路中，将 A、B 两点短路，用电流表测量短路电流 I_{SC}，将数据记入表 3－10 中。

（2）负载实验。

测量有源二端网络的外特性。在图 3－10 所示的电路中，在 A、B 两点间接入可调电阻 R_L，改变电阻 R_L（十进制可调变阻器）的阻值，逐点测量对应的电压、电流，将数据记入表 3－11 中。

（3）验证戴维宁定理和诺顿定理。

测量有源二端网络等效电压源的外特性：图 3－7(b)所示电路是图 3－10 的等效电压

源电路。其中，电压源 U_S 选用恒压源的可调电压，并调整到表 3-10 中的 U_{OC} 数值，内阻 R_S 按表 3-10 中计算出来的 R_S（取整，以 Ω 为单位保留到个位）选取，用十进制可调变阻器调好。然后，改变负载电阻 R_L 的阻值，逐点测量其电压、电流，将数据记入表 3-12 中。

测量有源二端网络等效电流源的外特性：图 3-7(c) 所示电路是图 3-10 的等效电流源电路。其中，恒流源 I_S 调整到表 3-10 中的 I_{SC} 数值，内阻 R_S 按表 3-10 中计算出来的 R_S（取整，以 Ω 为单位保留到个位）选取，用十进制可调变阻器调好。然后，改变负载电阻 R_L 的阻值，逐点测量对应的电压、电流，将数据记入表 3-13 中。

表 3-10　等效参数

U_{OC}/V	I_{SC}/mA	$R_S = U_{OC}/I_{SC}$

表 3-11　负载实验

R_L/Ω	0	100	300	500	800	1500	2500	∞
U/V								
I/mA								

表 3-12　等效电压源的外特性数据（戴维宁定理）

R_L/Ω	0	70	200	600	900	1800	3000	5000
U/V								
I/mA								

表 3-13　等效电流源的外特性数据（诺顿定理）

R_L/Ω	50	150	400	700	1200	2400	4000	∞
U/V								
I/mA								

（4）（选做）用半电压法和零示法测量有源二端网络的等效参数。

半电压法：在图 3-10 所示的电路中，首先断开负载电阻 R_L，测量有源二端网络的开路电压 U_{OC}，然后接入负载电阻 R_L，调节 R_L 直到两端电压等于 $U_{OC}/2$ 为止，此时负载电阻 R_L 的大小即为等效电源的内阻 R_S 的数值，记录 U_{OC} 和 R_S 的数值。

零示法测开路电压 U_{OC}：实验电路如图 3-9 所示。其中，有源二端网络选用图 3-10 所示的电路，恒压源用 0~30 V 可调电压，调整输出电压 U，观察电压表数值，当其等于零时输出电压 U 的数值即为有源二端网络的开路电压 U_{OC}，记录 U_{OC} 的数值。

5. 实验注意事项

（1）测量时，注意更换电流表量程。

（2）改接线路时，要关掉电源。

6. 预习与思考题

（1）如何测量有源二端网络的开路电压和短路电流？在什么情况下不能直接测量开路电压和短路电流？

（2）测量有源二端网络开路电压及等效内阻有哪几种方法？比较其优缺点。

7. 实验数据处理

根据表 3-11、表 3-12 和表 3-13 的数据，绘出有源二端网络和有源二端网络等效电路的外特性曲线，验证戴维宁定理和诺顿定理的正确性。

3.5 RC 一阶电路的响应测试

1. 实验目的

（1）研究 RC 一阶电路的零输入响应、零状态响应和全响应的规律及特点。

（2）学习一阶电路时间常数的测量方法，了解电路参数对时间常数的影响。

（3）掌握微分电路和积分电路的基本概念。

3-5 RC 一阶电路的响应测试

2. 原理说明

（1）RC 一阶电路的零状态响应。

RC 一阶电路原理图如图 3-11 所示。图中，当开关 S 在"1"的位置时，$u_C = 0$，处于零状态，当开关 S 合向"2"的位置时，电源通过 R 向电容 C 充电，$u_C(t)$ 称为零状态响应，$u_C = u_S - u_S e^{-\frac{t}{\tau}}$。

零状态响应变化曲线如图 3-12 所示。当 u_C 上升到 $0.632u_S$ 所需要的时间称为时间常数 τ，$\tau = RC$。

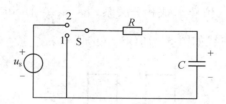

图 3-11 RC 一阶电路原理图

（2）RC 一阶电路的零输入响应。

在图 3-11 中，开关 S 在"2"的位置，待电路稳定后，再合向"1"的位置时，电容 C 通过 R 放电，$u_C(t)$ 称为零输入响应，$u_C = u_S e^{-\frac{t}{\tau}}$。

零输入响应变化曲线如图 3-13 所示。u_C 下降到 $0.368u_S$ 所需要的时间称为时间常数 τ，$\tau = RC$。

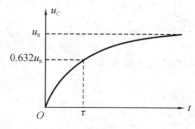

图 3-12 零状态响应变化曲线

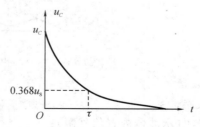

图 3-13 零输入响应变化曲线

（3）测量 RC 一阶电路时间常数 τ。

图 3-11 所示电路的上述暂态过程很难观察，为了用普通示波器观察电路的暂态过程，需采用如图 3-14 所示的周期性方波信号 u_S 作为电路的激励信号，方波信号的周期为 T，只要满足 $\frac{T}{2} \geqslant 5\tau$，便可在示波器的荧光屏上形成稳定的响应波形。

电阻 R、电容 C 串联后与信号发生器的输出端连接，用示波器观察电容电压 u_C，便可观察到稳定的指数曲线。时间常数 τ 的读取过程如图 3-15 所示。在荧光屏上测得电容电压的最大值 $u_{C\max}$ 为 a(cm)，取 b 为 $0.632a$(cm)，与指数曲线交点对应 t 轴的 x 点，则根据 t 轴比例尺(扫描时间为 t/cm)，该电路的时间常数 $\tau = x$(cm) $\times t$/cm。

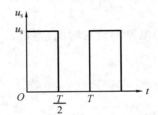
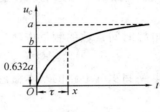

图 3-14 方波信号　　图 3-15 时间常数 τ 的读取过程

(4) 微分电路和积分电路。

在方波信号 u_S 作用的电阻 R、电容 C 串联电路中，当满足电路时间常数 τ 远远小于方波周期 T 的条件时，电阻两端(输出)的电压 u_R 与方波输入信号 u_S 成微分关系，$u_R \approx RC du_S/dt$，该电路称为微分电路。当满足电路时间常数 τ 远远大于方波周期 T 的条件时，电容 C 两端(输出)的电压 u_C 与方波输入信号 u_S 成积分关系，$u_C \approx \frac{1}{RC}\int u_S dt$，该电路称为积分电路。微分电路和积分电路的响应曲线如图 3-16(a)、(b)所示。

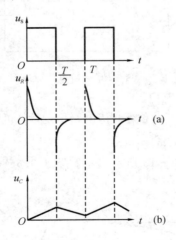

图 3-16 微分和积分电路的响应曲线

3. 实验设备

(1) 示波器；

(2) 信号源(示波器内置信号源)；

(3) 1 号实验箱。

4. 实验内容

实验电路如图 3-17 和图 3-18 所示。图中，电阻 R、电容 C 从 1 号实验箱中选取，用示波器观察电路激励(方波)信号和响应信号。u_S 为方波输出信号，将信号源的"波形选择"开关置于方波信号的位置上，将信号源的信号输出端与示波器探头连接，接通信号源电源，调节信号源的频率，使输出信号的频率为 1 kHz，调节输出信号的幅值，使方波的幅度为 2 V。

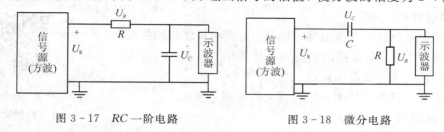

图 3-17　RC 一阶电路　　　　　　　图 3-18　微分电路

(1) RC 一阶电路的充、放电过程。

① 测量时间常数 τ：实验电路如图 3-17 所示，令 $R=600\ \Omega$，$C=0.1\ \mu F$，用示波器观察激励 u_S 与响应 u_C 的变化规律，测量并记录时间常数 τ。

② 观察时间常数 τ(即电路参数 R、C)对暂态过程的影响：增大电阻 $R=1000\ \Omega$，电容不变 $C=0.1\ \mu F$，实验电路如图 3-17 所示，观察时间常数增大后对响应的影响。

(2) 微分电路和积分电路。

① 积分电路：实验电路如图 3-17 所示，令 $R=10\ k\Omega$，$C=0.1\ \mu F$，用示波器观察激励 u_S 与响应 u_C 的变化规律。

② 微分电路：将实验电路中的 R、C 元件位置互换，如图 3-18 所示，令 $R=100\ \Omega$，$C=0.1\ \mu F$，用示波器观察激励 U_S 与响应 u_R 的变化规律。

画出(1)、(2)中的电压波形图(4 个图)，描点画图，画其中一个周期，零状态响应在前半周期，零输入响应在后半周期，并在图中标出时间常数 τ 和充放电时间。

5. 实验注意事项

(1) 调节电子仪器各旋钮时，动作不要过猛。实验前，需学习示波器的使用方法。

(2) 信号源的接地端与示波器的接地端要连在一起(称为共地)，以防外界干扰而影响准确性。

6. 预习与思考题

(1) 用示波器观察 RC 一阶电路的零输入响应和零状态响应时，为什么激励必须是方波信号？

(2) 在 RC 一阶电路中，当 R、C 的大小变化时，对电路的响应有何影响？

(3) 何谓积分电路和微分电路？它们必须具备什么条件？它们在方波激励下其输出信号波形的变化规律如何？这两种电路有何功能？

7. 实验数据处理

(1) 根据实验内容(1)的观测结果，绘出 RC 一阶电路充、放电时 u_C 的变化曲线，做出曲线的走势分析。由曲线测得 τ 值以及充放电时间 t(在图上标注)，并与参数值的理论结果作比较。分析两个图形的区别。这个区别受哪个参数影响？

（2）根据实验内容（2）的观测结果，绘出积分电路、微分电路的输出信号与输入信号对应的波形，并分析曲线走势。

3.6　正弦稳态交流电路相量的研究

1. 实验目的

（1）研究正弦稳态交流电路中电压、电流相量之间的关系。

（2）掌握 RC 串联电路的相量轨迹及其作为移相器的应用。

（3）掌握日光灯线路的接线。

（4）理解改善电路功率因数的意义并掌握其方法。

3-6　正弦稳态
交流电路相量的研究

2. 实验原理

（1）在单相正弦交流电路中，用交流电流表测得各支路中的电流值，用交流电压表测得回路中各元件两端的电压值，它们之间的关系满足相量形式的基尔霍夫定律，即 $\sum \dot{I} = 0$ 和 $\sum \dot{U} = 0$。

（2）如图 3-19 所示的 RC 串联电路中，在正弦稳态信号 $\dot{U}$ 的激励下，$\dot{U}_R$ 与 $\dot{U}_C$ 保持有 $90°$ 的相位差，当阻值 R 改变时，$\dot{U}_R$ 的相量轨迹是一个半圆，$\dot{U}$、$\dot{U}_C$ 与 $\dot{U}_R$ 三者形成一个直角的电压三角形。R 值改变时，改变相量角的大小，可达到移相的目的。

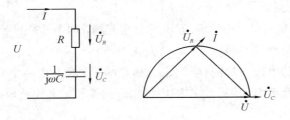

图 3-19　RC 串联电路

（3）日光灯线路如图 3-20 所示，图中 A 是日光灯管，L 是镇流器，S 是启辉器。图 3-20 中的电容器组 C 用于改善电路的功率因数（$\cos\varphi$ 值）。有关日光灯的工作原理请自行翻阅有关资料。

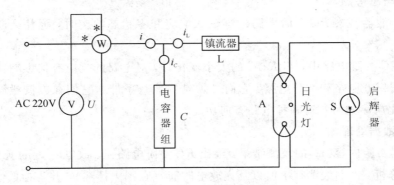

图 3-20　日光灯线路图

3. 实验设备

(1) 交流电压表、交流电流表、功率表、功率因数表;

(2) 三相电源;

(3) 镇流器、启辉器、电容器组、电流插头、2 号实验箱;

(4) 25W/220V 白炽灯、日光灯管。

4. 实验内容

(1) 白炽灯线路接线与测量。

用一个 220 V、25 W 的白炽灯和电容($C=4.3\ \mu$F)组成如图 3－21 所示的实验电路, 按下闭合按钮开关调节三相电源的相电压至 220 V, 验证电压三角形关系。将测量数据填入表 3－14 中。

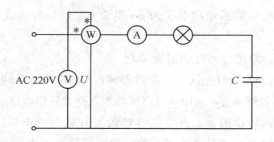

图 3－21　白炽灯线路

表 3－14　白炽灯线路数据表

测 量 值			计 算 值		
U/V	U_R/V	U_C/V	U	ΔU	$\Delta U/U$
I/A	P/W	$\cos\varphi$			

(2) 日光灯线路接线与测量。

按图 3－20 接线, 经指导老师检查后按下闭合按钮开关, 图中电容器组暂不接入电路, 调节三相电源的输出, 使其相电压为 220 V, 测量功率 P、电流 I 以及电压 U、U_L、U_A 等值, 验证电压、电流的相量关系。将测量数据填入表 3－15 中。

表 3－15　不连接电容器组数据表

测 量 值						计 算 值	
P/W	I/A	U/V	U_L/V	U_A/V	$\cos\varphi$	U_L 相量角	r/Ω

(3) 功率因数的改善。

按图 3－20 接线, 调节三相电压的相电压至 220 V, 记录功率表、交流电压表的读数, 通过一只交流电流表和三个电流测量插口(电路中 i、i_L、i_C 位置处的三个圆孔)分别测得三条支路的电流, 接入电容器组, 改变电容值, 调节功率因数分别为 0.9 以上、0.75～0.85、0.65～0.75, 进行三次重复测量, 将测量数据填入表 3－16 中。

表 3 - 16　并联电容改善功率因数数据表

			测　量　值							计算值
$C/\mu F$	P/W	U/V	U_C/V	U_L/V	U_A/V	I/A	I_C/A	I_L/A	$\cos\varphi$	I/A

5. 实验注意事项

(1) 注意安全，在老师检查电路之前不要急于开电源。

(2) 线路接线正确，日光灯不能启辉时，应检查启辉器及其接触是否良好。

(3) 上电前确认三相电源的输出电压为零（即调压器逆时针旋到底）。

6. 预习与思考题

(1) 参阅课外资料，简述日光灯的启辉原理。

(2) 在日常生活中，当日光灯上缺少了启辉器时，人们常用一导线将启辉器的两端短接一下，然后迅速断开，使日光灯点亮，或用一只启辉器去点亮多只同类型的日光灯，这是为什么？

(3) 为了提高电路的功率因数，常在感性负载上并联电容器，此时增加了一条电流支路，试问电路的总电流增大了还是减小了？此时感性元件上的电流和功率是否改变？

(4) 提高线路功率因数为什么只采用并联电容器法，而不用串联法？所并的电容器是否越大越好？

7. 实验数据处理

根据实验数据（3 个表格），分别绘出电压、电流的相量图，验证相量形式的基尔霍夫电压、电流定律。

3.7　*RLC* 串联谐振电路的研究

1. 实验目的

(1) 加深理解电路发生谐振的条件、特点，掌握电路品质因数（电路 Q 值）、通频带的物理意义及其测定方法。

(2) 学习用实验方法绘制 *RLC* 串联电路在不同 Q 值下的幅频特性曲线。

(3) 熟练使用信号源和交流毫伏表。

3 - 7　*RLC*
串联谐振
电路的研究

2. 实验原理

在图 3 - 22 所示的 *RLC* 串联电路中，电路复阻抗 $Z = R + j[\omega L - 1/(\omega C)]$，当 $\omega L = 1/(\omega C)$ 时，$Z = R$，$\dot{U}$ 与 $\dot{I}$ 同相，电路发生串联谐振，谐振角频率 $\omega_0 = 1/\sqrt{LC}$，谐振频率 $f_0 = 1/[2\pi\sqrt{LC}]$。

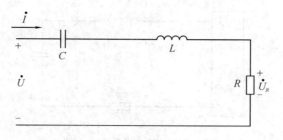

图 3-22　RLC 串联电路

在图 3-22 所示的电路中，若 $\dot{U}$ 为激励信号，$\dot{U}_R$ 为响应信号，其幅频特性曲线如图 3-23 所示。

当 $f=f_0$ 时，$A=1$，$U_R=U$；当 $f\neq f_0$ 时，$U_R<U$，呈带通特性。$A=0.707$，即 $U_R=0.707U$ 所对应的两个频率 f_L 和 f_H 为下限频率和上限频率，f_L-f_H 为通频带。通频带的宽窄与电阻 R 有关，不同电阻值的幅频特性曲线如图 3-24 所示。

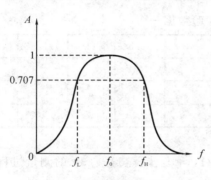

图 3-23　幅频特性曲线

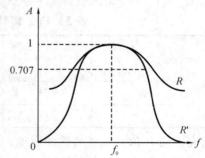

图 3-24　不同 R 值（$R>R'$）的幅频特性曲线

电路发生串联谐振时，$U_R=U$，$U_L=U_C=QU$，Q 称为品质因数，与电路的参数 R、L、C 有关。Q 值越大，幅频特性曲线越尖锐，通频带越窄，电路的选择性越好，在恒压源供电时，电路的品质因数、选择性与通频带只取决于电路本身的参数，而与信号源无关。在本实验中，用交流毫伏表测量不同频率下的电压 U、U_R、U_L、U_C，绘制 RLC 串联电路的幅频特性曲线，并根据 $\Delta f=f_H-f_L$ 计算出通频带，根据 $Q=U_L/U=U_C/U$ 或 $Q=\dfrac{f_0}{f_H-f_L}$ 计算出品质因数。

3. 实验设备

(1) 信号源；

(2) 交流毫伏表；

(3) NEEL-003A 组件。

4. 实验内容

(1) 按图 3-25 组成 RLC 串联谐振电路。

用交流毫伏表测电压，令其输出有效值为 1 V，并保持不变。图中 $L=30$ mH，$R=200$ Ω，$C=0.01$ μF。

(2) 确定谐振频率 f_0。

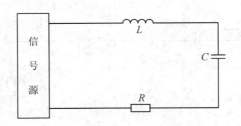

图 3-25　RLC 串联谐振电路

测量 RLC 串联电路的谐振频率，调节信号源的正弦波输出电压频率由小逐渐变大，并用交流毫伏表测量电阻 R 两端电压 U_R，当 U_R 的读数为最大时，读得信号源上的频率值即为电路的谐振频率 f_0，并测量此时的 U_C 与 U_L 值，将测量数据记入表 3-17 中。

（3）测量 RLC 串联电路的幅频特性。

在上述实验电路的谐振点两侧，按表 3-17 的要求调节信号源的正弦波输出频率，逐点测出 U_R、U_L 和 U_C 值，记入表 3-17 中。

表 3-17　幅频特性实验数据一

f/kHz	6.5	7	7.5	8	8.5	f_0	10	10.5	11	11.5	12
U_R/V											
U_L/V											
U_C/V											

（4）研究不同 R 值对幅频特性的影响。

在上述实验电路中，改变电阻值，使 $R=1000\ \Omega$，重复步骤（1）～（3）的测量过程，将幅频特性数据记入表 3-18 中。

表 3-18　幅频特性实验数据二

f/kHz	4	5	6	7	8	f_0	10	11	12	13	14
U_R/V											
U_L/V											
U_C/V											

5. 实验注意事项

（1）在改变频率时，应调整信号的输出电压，使其维持在 1 V 不变。

（2）在测量 U_L 和 U_C 的数值前，应将毫伏表的量限增大约 10 倍。

6. 预习与思考题

（1）根据实验内容（1）、（4）的元件参数值，计算电路的谐振频率。

（2）改变电路的哪些参数可以使电路发生谐振，电路中 R 的数值是否影响谐振频率？

（3）如何判别电路是否发生谐振？测试谐振点的方案有哪些？

（4）电路发生串联谐振时，为什么输入电压 u 不能太大？如果信号源给出 1 V 的电压，则电路谐振时，用交流毫伏表测 U_L 和 U_C，应该选择用多大的量限？为什么？

（5）要提高 RLC 串联电路的品质因数，电路参数应如何改变？

7. 实验数据处理

（1）电路谐振时，比较输出电压 U_R 的测量值与输入电压 U 是否相等？U_L 的测量值和 U_C 的测量值是否相等？试分析原因。

（2）根据测量数据，绘出不同 Q 值的幅频特性曲线，并分析两条曲线的区别。

（3）计算出通频带与 Q 值，说明不同 R 值对电路通频带与品质因素的影响。

（4）对两种不同的测 Q 值的方法进行比较，分析误差原因。

3.8　三相电路电压、电流的测量

1. 实验目的

（1）练习三相负载的星形连接和三角形连接。

（2）了解三相电路线电压与相电压、线电流与相电流之间的关系。

（3）了解三相四线制供电系统中中线的作用。

（4）观察线路故障时的情况。

3-8　三相电路
电压、电流的测量

2. 实验原理

电源用三相四线制向负载供电，三相负载可接成星形（又称"Y"形）或三角形（又称"△"形）。

当三相对称负载作"Y"形连接时，线电压 U_L 是相电压 U_P 的 $\sqrt{3}$ 倍，线电流 I_L 等于相电流 I_P，$U_L = \sqrt{3} U_P$，$I_L = I_P$，流过中线的电流 $I_N = 0$；当三相对称负载作"△"形连接时，线电压 U_L 等于相电压 U_P，线电流 I_L 是相电流 I_P 的 $\sqrt{3}$ 倍，即 $I_L = \sqrt{3} I_P$，$U_L = U_P$。

当不对称三相负载作"Y"形连接时，必须采用"Y_0"接法，中线必须牢固连接，以保证三相不对称负载的每相电压等于电源的相电压（三相对称电压）。若中线断开，会导致三相负载电压不对称，致使负载轻的那一相的相电压过高，使负载遭受损坏，而负载重的那一相的相电压又过低，使负载不能正常工作。当不对称三相负载作"△"形连接时，$I_L \neq \sqrt{3} I_P$，但只要电源的线电压 U_L 对称，加在三相负载上的电压仍是对称的，那么对各相负载的工作就没有影响。

本实验中，用三相调压器的调压输出作为三相交流电源，用三组白炽灯作为三相负载，线电流、相电流、中线电流用电流插头和插座测量。

3. 实验设备

（1）三相交流电源；

（2）交流电压、电流表；

（3）NEEL-17B 组件。

4. 实验内容

（1）三相负载为星形连接（三相四线制供电）。

实验电路如图 3-26 所示，将白炽灯按图所示连接成星形接法。用三相调压器的调压输出作为三相交流电源，具体操作如下：将三相调压器的旋钮置于三相电压输出为 0 V 的位置（即逆时针旋到底的位置），然后旋转旋钮，调节调压器的输出，使输出的三相线电压为 220 V。测量线电压和相电压，并记录数据。

① 在有中线的情况下，测量三相负载对称和不对称时的各相电流、中线电流和各相电压，将数据记入表 3－19 中，并记录各灯的亮度。

② 在无中线的情况下，测量三相负载对称和不对称时的各相电流、各相电压和电源中点 N 到负载中点 N′ 的电压 $U_{NN'}$，将数据记入表 3－19 中，并记录各灯的亮度。

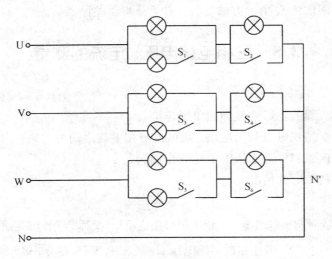

图 3－26　负载为星形连接

表 3－19　负载为星形连接时的实验数据

中线连接	开关状态	负载相电压/V			电流/A				$U_{NN'}$/V	亮度比较 A、B、C
		U_A	U_B	U_C	I_A	I_B	I_C	I_N		
有	$S_1 \sim S_6$ 闭合								—	
	S_1、S_2、S_4、S_5、S_6 闭合，S_3 断开								—	
	S_1、S_2、S_6 闭合，$S_3 \sim S_5$ 断开								—	
无	S_1、S_2、S_6 闭合，$S_3 \sim S_5$ 断开								—	
	S_1、S_2、S_4、S_5、S_6 闭合，S_3 断开								—	
	$S_1 \sim S_6$ 闭合								—	

（2）三相负载为三角形连接。

实验电路如图 3－27 所示，将白炽灯按图所示连接成三角形接法。调节三相调压器的输出电压，使输出的三相线电压为 220 V，测量三相负载对称和不对称时的各相电流、线电流和各相电压，将数据记入表 3－20 中，并记录各灯的亮度。

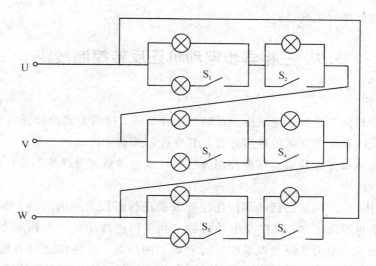

图 3 - 27　负载为三角形连接

表 3 - 20　负载为三角形连接时的实验数据

开关状态	相电压/V			线电流/A			相电流/A			亮度比较
	U_{AB}	U_{BC}	U_{CA}	I_A	I_B	I_C	I_{AB}	I_{BC}	I_{CA}	A、B、C
$S_1 \sim S_6$ 闭合										
S_1、S_2、S_6 闭合，$S_3 \sim S_5$ 断开										

5. 实验注意事项

(1) 每次接线完毕，同组同学应自查一遍，然后由指导教师检查后，方可接通电源，必须严格遵守"先接线，后通电；先断电，后拆线"的实验操作原则。

(2) 星形负载作短路实验时，必须首先断开中线，以免发生短路事故。

(3) 测量、记录各电压、电流时，注意分清它们是哪一相、哪一线，防止记错。

6. 预习与思考题

(1) 三相负载根据什么原则作星形或三角形连接？本实验为什么将三相电源线电压设定为 220 V？

(2) 三相负载按星形或三角形连接，它们的线电压与相电压、线电流与相电流有何关系？当三相负载对称时又有何关系？

(3) 在三相四线制供电系统中中线的作用是怎样的？中线上能安装保险丝吗？为什么？

7. 实验数据处理

(1) 根据实验数据，在负载为星形连接时，$U_L = \sqrt{3} U_P$ 在什么条件下成立？在三角形连接时，$I_L = \sqrt{3} I_P$ 在什么条件下成立？

(2) 用实验数据和观察到的现象，总结三相四线制供电系统中中线的作用。

(3) 不对称三角形连接的负载能否正常工作？实验是否能证明这一点？

(4) 根据对称负载三角形连接时的实验数据，画出各相电压、相电流和线电流的相量图，并证明实验数据的正确性。

3.9　三相异步电动机正反转控制线路

1. 实验目的

(1) 掌握三相鼠笼式异步电动机正反转的工作原理、接线方式及操作方法。

(2) 掌握机械及电气互锁的连接方法及其在控制线路中所起的作用。

(3) 掌握按钮和接触器双重互锁控制的三相异步电动机正反转控制线路。

2. 实验原理

生产过程中，生产机械的运动部件往往要求能进行正反方向的运动，即拖动电机作正反向旋转。由电机原理可知，将接至电动机的三相电源进线中的任意两相对调，即可改变电动机的旋转方向。但为了避免误动作引起电源相间短路，往往在这两个相反方向的单相运行线路中加设必要的机械及电气互锁。按照电动机正反转操作顺序的不同，分别有"正—停—反"和"正—反—停"两种控制线路。对于"正—停—反"控制线路，要使电动机有"正转—反转"或"反转—正转"的控制，必须按下停止按钮，再进行方向启动。然而对于生产过程中要求频繁实现正反转的电动机，为提高生产效率，减少辅助工时，往往要求能直接实现电动机正反转控制。

图 3-28 是接触器和按钮双重互锁控制的三相异步电动机正反转控制线路。

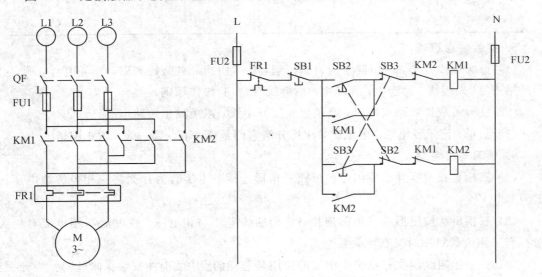

图 3-28　三相异步电动机正反转控制线路

启动时，合上漏电断路器及空气开关 QF，引入三相电源。按下启动按钮 SB2，接触器 KM1 的线圈通电，主触头 KM1 闭合且线圈 KM1 通过与开关 SB2 常开触点并联的辅助常开触点 KM1 实现自锁，同时通过按钮和接触器形成双重互锁。电动机正转运行。当按下按钮开关 SB3 时，接触器 KM2 的线圈通电，其主触头 KM2 闭合且线圈 KM2 通过与开关 SB3 的常开触点并联的辅助常开触点 KM2 实现自锁。同时与接触器 KM1 互锁的常闭触点都断开,使接触器 KM1 断电释放,电动机反转运行。要使电动机停止运行,按下开关 SB1 即可。

3. 实验设备

(1) 三相可调交流电源;

(2) NEEL-10 组件;

(3) M14B 型异步电动机。

4. 实验内容

(1) 检查各实验设备的外观及质量是否良好。

(2) 按图 3-28 所示的三相异步电动机正反转控制线路进行正确接线,先接主回路,再接控制回路。自己检查无误并经指导老师检查认可方可打开电源进行实验。

(3) 进行"正—反—停"操作:

① 将热继电器值调到 1.0 A。

② 合上漏电断路器及空气开关 QF,引入三相电源。

③ 按下按钮 SB2,观察电动机及各接触器的工作情况。

④ 按下按钮 SB3,观察电动机的工作情况。

⑤ 按下停止按钮 SB1,再重新先按下 SB3,接着按下 SB2,观察电机,然后按下 SB1。

⑥ 断开电机控制电源,断开空气开关 QF,切断三相主电源。

⑦ 断开漏电保护断路器,关断总电源。

5. 预习与思考题

(1) 什么是自锁?自锁的意义是什么?

(2) 什么是互锁?互锁的功能是什么?

(3) 为什么要实现双重互锁?其意义何在?

(4) 在上述实验中,电动机在转换过程中会出现什么情况?与"正—停—反"过程有什么区别?试分析原因。

第 4 章　模拟电子技术基础实验

4.1　单级交流放大电路

1. 实验目的

(1) 熟悉电子元器件和模拟电路实验台。

(2) 掌握放大电路静态工作点的调试方法及其对放大电路性能的影响。

(3) 学习测量放大电路 Q 点、A_V、r_i、r_o 的方法，了解共射极电路的特性。

(4) 学习放大电路的动态性能。

注：为了方便示波器观察，所写参考值均用峰值，此电路为共射放大电路。

4-1　单级交流
放大电路

2. 实验仪器及材料

(1) 数字示波器；

(2) 信号发生器；

(3) 数字万用表。

3. 实验预习要求

(1) 三极管及单管放大电路的工作原理。

(2) 放大电路静态和动态测量方法。

4. 实验内容

(1) 装接电路与简单测量。

如果三极管为 3DG6，放大倍数 β 一般是 25～45；如果三极管为 9013，则放大倍数 β 一般在 150 以上。

① 用万用表判断实验箱上三极管 V 和电解电容 C 的极性和好坏。

测三极管 B、C 和 B、E 极间正、反向导通电压，可以判断其好坏；要判断电解电容的好坏，必须使用指针式万用表，通过测正、反向电阻来判断。

三极管导通电压 $U_{BE} = 0.7$ V，$U_{BC} = 0.7$ V，反向导通电压为无穷大。

② 按图 4-1 所示连接电路（注意：接线前先测量＋12 V电源，关断电源后再连线），将 R_P 的阻值调到最大位置。

(2) 静态测量与调整。

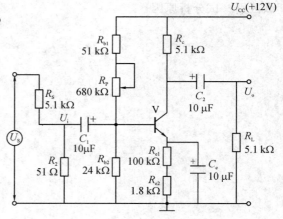

图 4-1　基本放大电路

接线完毕仔细检查,确定无误后接通电源。改变 R_P,记录 I_C 分别为 0.5 mA、1 mA、1.5 mA 时三极管 V 的 β 值(其值较低)。

参考值:$I_C = 0.5$ mA 时,$I_B = 25\ \mu A$,$\beta = 20$;$I_C = 1$ mA 时,$I_B = 40.2\ \mu A$,$\beta = 24.9$;$I_C = 1.5$ mA 时,$I_B = 54.5\ \mu A$,$\beta = 27.5$。

注意 I_B 和 I_C 的测量和计算方法如下:

① 间接测量法:通过测 U_C 和 U_B、R_c 和 R_b 计算出 I_B 和 I_C(注意:图 4-2 中 I_B 为支路电流)。此法虽不直观,但操作较简单,建议初学者采用。

② 直接测量法:将微安表和毫安表直接串联在基极和集电极中进行测量。此法虽然直观,但操作不当容易损坏器件和仪表,因此不建议初学者采用。

按图 4-2 接线,调整 R_P 使 $U_E = 2.2$ V,计算并填写表 4-1。

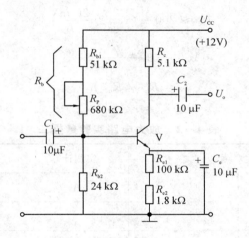

图 4-2 工作点稳定的放大电路

为稳定工作点,在电路中引入负反馈电阻 R_e,用于稳定静态工作点,即当环境温度变化时,保持静态集电极电流 I_{CQ} 和管压降 U_{CEQ} 基本不变,依靠的是下列反馈关系:

$$T \uparrow - \beta \uparrow - I_{CQ} \uparrow - U_E \uparrow - U_{BE} \downarrow - I_{BQ} \downarrow - I_{CQ} \downarrow$$

反过程也一样。其中,R_{b2} 的引入是为了稳定 U_B。但此类工作电路的放大倍数由于引入负反馈而减小了,而输入电阻 r_i 变大了,输出电阻 r_o 不变。放大倍数、输入电阻、输出电阻分别为

$$A_V = \frac{-\beta(R_c \mathbin{/\mkern-5mu/} R_L)}{r_{be} + (1+\beta)R_e},\ r_i = R_{b1} \mathbin{/\mkern-5mu/} R_{b2} \mathbin{/\mkern-5mu/} [r_{be} + (1+\beta)R_e],\ r_o = R_c$$

由以上公式可知,当 β 很大时,放大倍数 A_V 约等于 $\dfrac{R_c \mathbin{/\mkern-5mu/} R_L}{R_e}$,不受 β 值变化的影响。

表 4-1 放大电路实验数据一

实 测			实测计算	
U_{BE}/V	U_{CE}/V	$R_p/k\Omega$	$I_B/\mu A$	I_C/mA

(3)动态研究。

① 将信号发生器的输出信号调到 $f = 1$ kHz，幅值为500 mV，并接至放大电路的 A 点，经过 R_1、R_2 衰减（100 倍），U_i 点得到 5 mV 的小信号，观察 U_i 和 U_o 端波形，并比较相位。

图 4-3 所示电路中，R_1、R_2 为分压衰减电路，除 R_1、R_2 以外的电路为放大电路。之所以采取这种结构，是因为一般信号源在输出信号小到几毫伏时会不可避免地受到电源纹波的影响而出现失真，但大信号时电源纹波几乎无影响，所以采取大信号加 R_1、R_2 衰减的形式。输入波形与输出波形反相，相差180°。

② 信号源频率不变，逐渐加大信号源幅度，观察 U_o 不失真时的最大值并将数据填入表4-2中。

分析图 4-3 所示的交流等效电路模型，根据以下几个公式进行计算：

$$r_{be} \approx 200 + (1 + \beta) \frac{26\ \text{mV}}{I_E}$$

$$A_V = -\beta \frac{R_L\ /\!/\ R_c\ /\!/\ r_{ce}}{r_{be}}$$

$$r_i = R_b\ /\!/\ R_{b2}\ /\!/\ r_{be}$$

$$r_o = r_{ce}\ /\!/\ R_c$$

表 4-2　放大电路实验数据二

实　测		实测计算	估算
U_i/mV	U_o/V	A_V	A_V

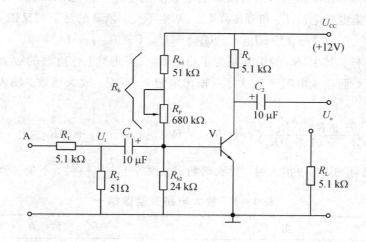

图 4-3　交流等效电路

③ 保持 $U_i = 5$ mV 不变，放大器接入负载 R_L，在改变 R_c 数值的情况下进行测量，并将计算结果填入表 4-3 中。

表 4 - 3　放大电路实验数据三

给定参数		实 测		实测计算	估算
$R_c/\text{k}\Omega$	$R_L/\text{k}\Omega$	U_i/mV	U_o/V	A_V	A_V
2	5.1				
2	2.2				
5.1	5.1				
5.1	2.2				

④ $U_i = 5$ mV，$R_c = 5.1$，不加 R_L 时，如电位器 R_P 的调节范围不够，可改变 R_{b1}（51 kΩ 或 150 kΩ），增大和减小 R_P，观察 U_o 的波形变化。若失真不明显，则可增大 U_i 幅值（>10 mV），并重测，将测量结果填入表 4 - 4 中。

表 4 - 4　放大电路实验数据四

R_P	U_b	U_c	U_e	输出波形情况
最大				
合适				
最小				

增大 U_i 至 10 mV 以上，调整 R_P 到适合位置，可观察到截止失真（波形上半周平顶失真）。

（4）测量放大电路的输入、输出电阻。

① 测量输入电阻。所谓输入电阻，指的是放大电路的输入电阻，不包括 R_1、R_2 部分。在输入端串接一个 5.1 kΩ 的电阻，如图 4 - 4 所示，测量 U_s 与 U_i，即可根据下式计算 r_i：

$$r_i = \frac{U_i}{U_s - U_i} \cdot R$$

② 测量输出电阻。在输出端接入可调电阻作为负载，如图 4 - 5 所示，选择合适的 R_L 值使放大电路输出不失真（接示波器监测），测量带负载时 U_L 和空载时的 U_o，即可根据下式计算出 r_o：

$$r_o = \left(\frac{U_o}{U_L} - 1 \right) \cdot R_L$$

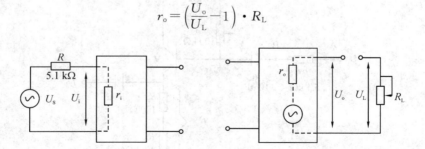

　　　图 4 - 4　输入电阻测量　　　　　　图 4 - 5　输出电阻测量

将上述测量计算结果填入表 4 - 5 中。用下列公式进行估算：

$$r_i = R_b \mathbin{/\mkern-5mu/} R_{b2} \mathbin{/\mkern-5mu/} r_{be}, \quad r_o = r_{ce} \mathbin{/\mkern-5mu/} R_c \approx R_c$$

表 4 – 5　放大电路实验数据五

测算输入电阻(设 $R_S=5.1\ \text{k}\Omega$)			测算输出电阻			
实测		测算	估算	实测/U_o/mV		测算	估算
U_S/mV	U_i/mV	r_i	r_i	$R_L=\infty$	$R_L=5.1\ \text{k}\Omega$	R_o/kΩ	R_o/kΩ

5. 实验报告要求

(1) 按各步骤的要求填表。

(2) 简单推导理论值，并和实验实测数据进行比较，验证理论数据。

(3) 将波形图中的参数量值标记清楚，比较输入波形和输出波形的相位。

4.2　射极跟随器电路

1. 实验目的

(1) 掌握射极跟随器电路的特性及测量方法。

(2) 进一步学习放大电路各项参数的测量方法。

2. 实验仪器及材料

(1) 数字示波器。

(2) 信号发生器。

(3) 数字万用表。

3. 预习要求

(1) 熟悉射极跟随器电路的原理及特点。

(2) 根据图 4 – 6 所示的元器件参数，估算静态工作点，画出交直流负载线。

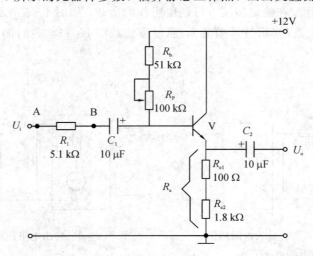

图 4 – 6　射极跟随电路

共集电极放大电路的输出电压从发射极获得且放大倍数接近 1，也被称为射极跟随器。分析交流等效电路要用到如下公式：

$$U_i = i_b r_{be} + (1+\beta) i_b (R_e /\!\!/ R_L), \quad U_o = (1+\beta) i_b (R_e /\!\!/ R_L)$$

$$A_V = \frac{(1+\beta)(R_e /\!\!/ R_L)}{r_{be} + (1+\beta)(R_e /\!\!/ R_L)}, \quad r_i' = r_{be} + (1+\beta)(R_e /\!\!/ R_L), \quad r_i = r_i' /\!\!/ R_B$$

$$R_o = \frac{r_{be}}{1+\beta} /\!\!/ R_e$$

由以上公式可知，由于一般有 $(1+\beta)(R_e /\!\!/ R_L) \gg r_{be}$，所以 $A_V \approx 1$。又因为 $i_e \gg i_b$，所以仍有功率放大作用。输入电阻比共射放大电路大得多，r_i' 可达几十千欧到几百千欧；输出电阻 R_o 很小，为几十欧姆。因而，此电路从信号源索取电流小，带负载能力强，常用于多级放大电路的输入和输出极，也常作为连接缓冲使用。

4. 实验内容

（1）按图 4-6 电路接线。

（2）调整直流工作点。连接电源 +12 V，在 B 点加 $f=1$ kHz 的正弦波信号，用示波器观察输出端，反复调整 R_P 及信号源输出幅度，使输出幅度在示波器屏幕上得到一个最大不失真波形，然后断开输入信号，用万用表测量晶体管各极对地的电位，即为该放大器的静态工作点，将所测数据填入表 4-6 中。

表 4-6　射极跟随器电路实验数据一

U_E/V	U_B/V	U_C/V	$I_E = \dfrac{U_E}{R_e}$	R_P	I_B	β	r_{be}

（3）测量电压放大倍数 A_V。接入负载 $R_L = 1$ kΩ，在 B 点加入 $f=1$ kHz 的正弦波信号，调整输入信号幅度（此时偏置电位器 R_P 不能再变动），用示波器观察，在输出最大不失真的情况下测 U_i 和 U_L 值，将所测数据填入表 4-7 中。

表 4-7　射极跟随器电路实验数据二

U_i/V	U_L/V	$A_V = \dfrac{U_L}{U_i}$	$A_{V(估)}$（$R_L = 1$ kΩ）

（4）测量输出电阻 R_o。在 B 点加入 $f=1$ kHz 的正弦波信号，$U_i \approx 100$ mV，连接负载 $R_L = 2.2$ kΩ，用示波器观察输出波形，测空载时输出电压 U_o（$R_L = \infty$）和加负载时输出电压 U_L（$R = 2.2$ kΩ）的值。其中，$R_o = \left(\dfrac{U_o}{U_L} - 1\right) R_L$。将所测数据填入表 4-8 中。

表 4-8　射极跟随器电路实验数据三

U_i/mV	U_o/mV	U_L/mV	$R_o = \left(\dfrac{U_o}{U_L} - 1\right) R_L$	$R_{o(估)}$

根据公式计算：$A_{V(估)} = 0.9934$（不加 R_L），$A_{V(估)} = 0.9877$（$R_L = 2.2$ kΩ），$A_{V(实际)} = 0.9934$（不加 R_L），$A_{V(实际)} = 0.9884$（$R_L = 2.2$ kΩ）。

（5）测量放大电路的输入电阻 R_i（采用换算法）。在输入端串入 $R_S = 5.1$ kΩ 的电阻，在

A 点加入 $f=1\,\text{kHz}$ 的正弦波信号，用示波器观察输出波形，用毫伏表分别测 A、B 点对地电位 U_S、U_i，将测量数据填入表 4-9 中。

表 4-9 射极跟随器电路实验数据四

U_S/V	U_i/V	$R_\text{i}=\dfrac{R}{U_\text{S}/U_\text{i}-1}$	$r_{\text{i}(\text{估})}$

其中：$r_\text{i}=\dfrac{U_\text{i}}{U_\text{S}-U_\text{i}}\cdot R_\text{S}=\dfrac{R_\text{S}}{\dfrac{U_\text{S}}{U_\text{i}}-1}$。

（6）测量射极跟随器电路的跟随特性和输出电压峰峰值 $U_\text{oP-P}$。接入负载 $R_\text{L}=2.2\,\text{k}\Omega$，在 B 点加入 $f=1\,\text{kHz}$ 的正弦波信号，逐点增大输入信号幅度 U_i，用示波器观察输出端，在波形不失真时，测对应的 U_L 值，计算出 A_V，并用示波器测量输出电压的峰峰值 $U_\text{oP-P}$，与从电压表读得的对应输出电压为有效值进行比较，将所测数据填入表 4-10 中。

表 4-10 射极跟随器电路实验数据五

	1	2	3	4
U_i（峰值）				
U_L				
$U_\text{oP-P}$				
A_V				

5. 实验报告要求

（1）绘出实验原理电路图，标明实验的元件参数值。

（2）整理实验数据，说明实验中出现的各种现象，得出有关的结论；画出必要的波形及曲线。

（3）将实验结果与理论计算值进行比较，分析产生误差的原因。

4.3 比例、求和运算电路

1. 实验目的

（1）掌握用集成运算放大电路组成的比例、求和电路的特点及性能。

（2）学会上述电路的测试和分析方法。

2. 实验仪器及材料

（1）数字示波器。

（2）信号发生器。

（3）数字万用表。

3. 预习要求

（1）计算表 4-11 中的 U_o 值。

（2）估算表 4-12 和表 4-14 中的理论值。

（3）估算表 4-13 和表 4-15 中的理论值。

（4）计算表 4-16 中的 U_o 值。

（5）计算表 4-17 中的 U_o 值。

集成运放的输出端与自身的反相输入端通过电路连接，组成负反馈电路。由于运放的电压增益大约在 100 000 以上，所以运放处于深度负反馈状态。这种情况下运放主要工作于线性放大区，因而有"虚断""虚短"，即 $i_+ = i_- \approx 0$，$U_+ \approx U_-$。

4. 实验内容

（1）电压跟随器电路。

实验电路如图 4-7 所示。按表 4-11 所示内容进行实验测量并记录。

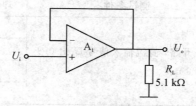

图 4-7　电压跟随器电路

电路中为电压串联负反馈，根据"虚短"有 $U_o = U_- \approx U_+$。

表 4-11　电压跟随器电路实验数据

	U_i/V	-2	-0.5	0	$+0.5$	1
U_o/V	$R_L = \infty$					
	$R_L = 5.1\ \mathrm{k\Omega}$					

（2）反相比例放大器。

实验电路如图 4-8 所示。

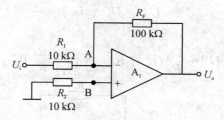

图 4-8　反相比例放大电路

电路中为电压并联负反馈，由"虚短"有

$$U_A = U_B = 0\ \mathrm{V}, \quad I_i = \frac{U_i - U_A}{R_1} = \frac{U_i}{R_1}$$

由"虚断"有

$$I_F = I_i = \frac{U_i}{R_1}, \quad U_o = U_A - I_F \cdot R_F = -\frac{R_F}{R_1}U_i$$

① 按表 4-12 所示内容进行实验测量并记录。

表 4 - 12　反相比例放大器实验数据一

直流输入电压 U_i/mV		30	100	300	1000	3000
输出电压 U_o	理论估算/V					
	实际值/V					
	误差/mV					

② 按表 4 - 13 要求进行实验并测量记录。

表 4 - 13　反相比例放大器实验数据二

	测试条件	理论估算值	实测值
ΔU_o			
ΔU_{AB}	R_L 开路，直流输入信号 U_i 由 0 变为 800 mV		
ΔU_{R2}			
ΔU_{R1}			
ΔU_{oL}	R_L 由开路变为 5.1 kΩ，$U_i = 800$ mV		

③ 测量如图 4 - 7 所示电路的上限截止频率。

（3）同相比例放大电路。

① 电路如图 4 - 9 所示，按表 4 - 14 和表 4 - 15 进行实验测量并记录。

电路中为电压串联负反馈，由"虚断"有

$$i_+ = i_- = 0$$

故

$$U_B = U_i$$

由"虚短"有

$$U_A = U_B = U_i$$

故

$$U_o = \frac{U_A}{R_1}(R_1 + R_F) = \left(1 + \frac{R_F}{R_1}\right)U_i$$

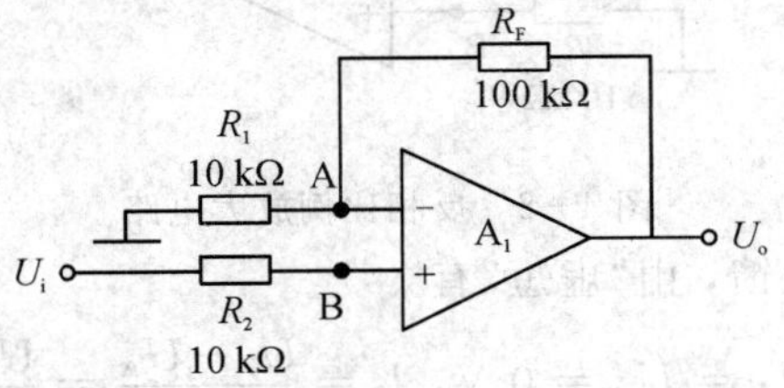

图 4 - 9　同相比例放大电路

表 4 - 14　同相比例放大电路实验数据一

直流输入电压 U_i/mV		30	100	300	1000	3000
输出电压 U_o	理论估算/V					
	实际值/V					
	误差/mV					

表 4 - 15 同相比例放大电路实验数据二

	测试条件	理论估算值	实测值
$\Delta U_{\circ}$	R_{L}开路，直流输入信号 U_{i} 由 0 变为 800 mV		
ΔU_{AB}			
ΔU_{R2}			
ΔU_{R1}			
ΔU_{oL}	R_{L} 由开路变为 5.1 kΩ，$U_{\mathrm{i}}=800$ mV		

② 测出电路的上限截止频率。

（4）反相求和放大电路。

实验电路如图 4-10 所示。按表 4-16 内容进行实验测量，并与预习中的计算值进行比较。

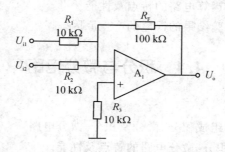

图 4-10 反相求和放大电路

电路中为电压并联负反馈，分析方法与图 4-9 一样，输出电压为

$$U_{\circ}=-R_{\mathrm{F}}\left(\frac{U_{\mathrm{i1}}}{R_1}+\frac{U_{\mathrm{i2}}}{R_2}\right)$$

表 4 - 16 反相求和放大电路实验数据

$U_{\mathrm{i1}}/\mathrm{V}$	0.3	-0.3
$U_{\mathrm{i2}}/\mathrm{V}$	0.2	0.2
$U_{\circ}/\mathrm{V}$		
$U_{\circ(估)}/\mathrm{V}$		

（5）双端输入求和放大电路。

实验电路如图 4-11 所示。

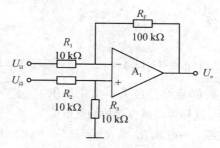

图 4-11 双端输入求和电路

输出电压为

$$U_\circ = \frac{R_3}{R_2 + R_3} \cdot \frac{R_1 + R_F}{R_1} U_{i2} - \frac{R_F}{R_1} U_{i1}$$

按表 4-17 要求进行实验测量并记录。

表 4-17　双端输入求和放大电路实验数据

U_{i1}/V	1	2	0.2
U_{i2}/V	0.5	1.8	-0.2
$U_\circ/V$			
$U_{\circ(估)}/V$			

5. 实验报告要求

(1) 总结本实验中 5 种运算电路的特点及性能。

(2) 分析理论计算与实验结果的误差的产生原因。

4.4　积分与微分电路

1. 实验目的

(1) 学会用运算放大器组成积分、微分及积分-微分电路。

(2) 掌握积分、微分及积分-微分电路的特点及性能。

2. 实验仪器及材料

(1) 数字示波器。

(2) 信号发生器。

(3) 数字万用表。

3. 预习要求

(1) 图 4-12 所示电路中,若输入为正弦波,则 $U_\circ$ 与 U_i 的相位差是多少?当输入信号频率为 100 Hz、有效值为 2 V 时,$U_\circ$=?

(2) 图 4-13 所示电路中,若输入为方波,则 $U_\circ$ 与 U_i 的相位差是多少?当输入信号频率为 160 Hz、幅值为 1 V 时,输出 $U_\circ$=?

(3) 拟定实验步骤,做好记录表格。

4. 实验内容

(1) 积分电路。

实验电路如图 4-12 所示。

由反相积分电路,有

$$U_\circ = -\frac{1}{R_1 C} \int_{t_0}^{t} U_i(t) \mathrm{d}t + U_\circ(t_0)$$

实际电路中,为防止低频信号增益过大,往往在积分电容两边并联一个电阻 R_F,这样可以减少运放的直流偏移,但也会影响积分的线性关系,一般取 $R_F \gg R_1 = R_2$。

① 取 $U_i = -1$ V,断开开关 S,用示波器观察 $U_\circ$ 的

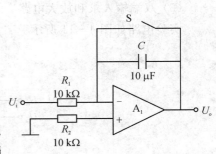

图 4-12　积分电路

变化。

② 测量饱和输出电压及有效积分时间。

③ 将图 4-12 中的积分电容改为 0.1 μF，在积分电容两端并接 100 kΩ 电阻，断开 S，U_i 分别输入频率为 100 Hz、幅值为 ±1 V($U_{iP-P}=2$ V)的正弦波和方波信号，观察和比较 U_i 与 U_o 的幅值大小及相位关系，并记录波形。

④ 改变信号频率(20～400 Hz)，观察 U_i 与 U_o 的相位、幅值及波形的变化。

(2) 微分电路。

实验电路如图 4-13 所示。

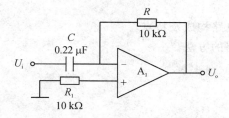

图 4-13　微分电路

由微分电路得到

$$U_o(t) = -RC\frac{\mathrm{d}U_i(t)}{\mathrm{d}t}$$

① 输入正弦波信号，$f=160$ Hz，有效值为 1 V，用示波器观察 U_i 与 U_o 的波形并测量输出电压。

② 改变正弦波频率(20～400 Hz)，观察 U_i 与 U_o 的相位、幅值变化情况并记录。

③ 输入方波信号，$f=200$ Hz，$U_i=\pm200$ mV($U_{iP-P}=400$ mV)，在微分电容左端接入 400 Ω 左右的电阻(通过调节 1 kΩ 电位器得到)，用示波器观察 U_o 的波形，按步骤②重复实验。

④ 输入方波信号，$f=200$ Hz，$U_i=\pm200$ mV($U_{iP-P}=400$ mV)，调节微分电容左端接入的电位器(1 kΩ)，观察 U_i 与 U_o 的幅值及波形的变化情况并记录。

(3) 积分-微分电路。

实验电路如图 4-14 所示。

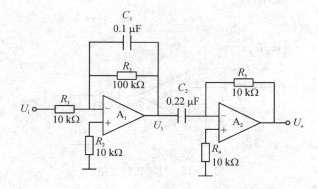

图 4-14　积分-微分电路

① 输入 $f=200$ Hz、$U_i=\pm 6$ V 的方波信号，用示波器观察 U_1 和 U_o 的波形并记录。

② 将 f 改为 500 Hz，重复上述实验。

5. 实验报告要求

(1) 整理实验中的数据及波形，总结积分、微分电路的特点。

(2) 分析实验结果与理论计算的误差的产生原因。

4.5　电压比较器

1. 实验目的

(1) 掌握比较电路的电路构成及特点。

(2) 学会测试比较电路的方法。

2. 实验仪器及材料

(1) 数字示波器。

(2) 信号发生器。

(3) 数字万用表。

3. 预习要求

(1) 分析图 4-15 所示的电路，回答以下问题：

① 比较电路是否要调零，原因何在？

② 比较电路两个输入端电阻是否要求对称，为什么？

③ 运放两个输入端的电位差如何估计？

(2) 分析图 4-16 所示的电路，计算：

① 使 U_o 由 $+U_{om}$ 变为 $-U_{om}$ 的 U_i 的临界值。

② 使 U_o 由 $-U_{om}$ 变为 $+U_{om}$ 的 U_i 的临界值。

③ 若输入有效值为 1 V 的正弦波，试画出 $U_i\text{-}U_o$ 的波形图。

(3) 分析图 4-17 所示的电路，重复(2)的各步实验。

(4) 按实习内容准备记录表格及记录波形的坐标纸。

电压比较器中集成运放工作在开环或正反馈状态，只要两个输入端之间的电压稍有差异，输出端便输出饱和电压，因此电压比较器基本工作在饱和区，输出只有正负饱和电压。

4. 实验内容

(1) 过零比较电路。

实验电路如图 4-15 所示。

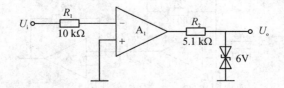

图 4-15　过零比较电路

① 按图接线，当 U_i 悬空时测量 U_o。

② 输入频率为 500 Hz、有效值为 1 V 的正弦波，观察 $U_i\text{-}U_o$ 的波形并记录。

③ 改变 U_i 的幅值，观察 U_o 的变化。

（2）反相滞回比较电路。

实验电路如图 4 - 16 所示。

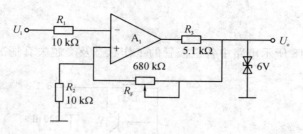

图 4 - 16　反相滞回比较电路

分析电路可得

$$U_{TH} = \frac{R_2}{R_F + R_2}U_Z, \quad U_{TL} = -\frac{R_2}{R_F + R_2}U_Z$$

① 按图接线，并将 R_F 调为 100 kΩ，U_i 接 DC 电压源，测出 U_o 由 $+U_{om} \sim -U_{om}$ 时 U_i 的临界值。

② 操作同①，测出 U_o 由 $-U_{om} \sim +U_{om}$ 时 U_i 的临界值。

③ 输入频率为 500 Hz、有效值为 1 V 的正弦信号，观察并记录 U_i-U_o 的波形。

④ 将电路中的 R_F 调为 200 kΩ，重复上述实验。

（3）同相滞回比较电路。

实验电路如图 4 - 17 所示。

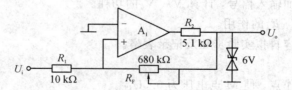

图 4 - 17　同相滞回比较电路

① 参照反向滞回比较电路自拟实验步骤及方法。

② 将结果与（2）相比较，分析电路可得

$$U_{TH} = \frac{R_1}{R_F}U_Z, \quad U_{TL} = -\frac{R_1}{R_F}U_Z$$

5. 实验报告要求

（1）整理实验数据及波形图，并与预习的计算值进行比较。

（2）总结几种比较电路的特点。

4.6　互补对称功率放大电路

1. 实验目的

测量功率放大电路的功率和输出效率。

2. 实验仪器及材料

(1) 数字示波器。

(2) 信号发生器。

(3) 数字万用表。

3 预习要求

(1) 分析图 4-18 所示电路中各三极管的工作状态及交越失真情况。

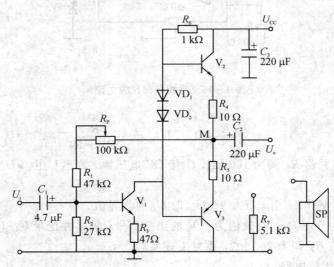

图 4-18　互补对称功率放大器

(2) 电路中若不加输入信号，计算 V_2、V_3 的功耗。

(3) 分析电阻 R_4、R_5 的作用。

(4) 根据实验内容自拟实验步骤及记录表格。

4. 实验内容

(1) 调整直流工作点，使 M 点电压为 $0.5U_{CC}$。

(2) 测量最大不失真时的输出功率与效率。

(3) 改变电源电压（例如由 +12 V 变为 +6 V），测量并比较输出功率和效率。

(4) 测量放大电路在带 8 Ω 负载（扬声器）时的功耗和效率。

5. 实验报告要求

(1) 分析实验结果，计算实验内容要求的参数。

(2) 总结功率放大电路的特点及测量方法。

第 5 章 数字电子技术基础实验

5.1 门电路逻辑功能及应用

1. 实验目的

(1) 认识并熟悉数字电子实验台。

(2) 熟悉门电路的逻辑功能,掌握不同型号芯片的识别方法。

(3) 验证门电路(与非门、异或门、非门)的逻辑功能。

(4) 掌握用数字式双踪示波器测试门电路延迟时间的方法。

5-1 门电路
逻辑功能及应用

2. 实验仪器及材料

(1) YLSD 数字电路实验台,数字式双踪示波器。

(2) 芯片:

74LS00	二输入端四与非门	2 片
74LS20	四输入端双与非门	1 片
74LS86	二输入端四异或门	1 片
74LS04	六反相器	1 片

3. 预习要求

(1) 复习门电路的工作原理及相应的逻辑表达式。

(2) 熟悉所用集成电路的引脚位置及各引脚的用途。

(3) 了解数字式双踪示波器的使用方法。

4. 实验内容

(1) 与非门逻辑功能测试。

① 选用四输入端双与非门 74LS20 一片。按图 5-1 接线,输入端连接逻辑电平,输出端接 LED 电平指示,通过发光二极管的亮、灭来观察其输出状态。

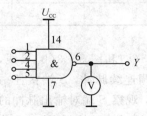

图 5-1 与非门逻辑功能测试接线图

② 将逻辑电平按表 5-1 置位,分别测量输出电压,并观察逻辑状态。

表 5‐1　与非门逻辑功能测试输出显示

输　　入				输　　出	
1	2	4	5	Y	电压/V
H	H	H	H		
L	H	H	H		
L	L	H	H		
L	L	L	H		
L	L	L	L		

（2）异或门逻辑功能测试。

① 选二输入端四异或门电路 74LS86，按图 5‐2 接线，输入端 1、2、4、5 接逻辑电平，输出端 A、B、Y 接 LED 电平指示。（注意：芯片要接通电源。）

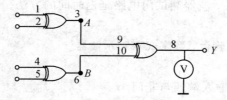

图 5‐2　异或门逻辑功能测试接线图

② 将逻辑电平按表 5‐2 置位，将结果填入表中。

表 5‐2　异或门逻辑功能测试输出显示

输　　入				输　　　出			
1	2	4	5	A	B	Y	电压/V
L	L	L	L				
H	L	L	L				
H	H	L	L				
H	H	H	L				
H	H	H	H				
L	H	L	H				

（3）利用与非门控制输出。

用一片 74LS00 分别按图 5‐3（a）和图 5‐3（b）接线，A 端接实验板脉冲信号部分的可调连续脉冲，S 端接任一逻辑电平，Y 端接 LED 电平指示，观察 S 端对输出脉冲的控制作用，并将观察到的现象填入表 5‐3 中。注意：芯片要接通电源。

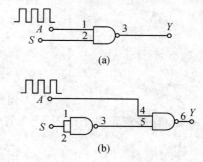

图 5‐3　利用与非门控制输出接线图

表 5 - 3　利用与非门控制输出显示

输入 S	图 5 - 3(a)	图 5 - 3(b)
	输出 Y 是否有脉冲信号(是/否)	输出 Y 是否有脉冲信号(是/否)
H		
L		

(4) 用与非门组成其他门电路。

① 组成或非门：用一片二输入端四与非门(74LS00)组成或非门。

· 将或非门表达式转化为与非表达式：$Y = \overline{A+B} = \overline{A} \cdot \overline{B} = \overline{\overline{A} \cdot \overline{B}}$。

· 画出电路图，测试并填表 5 - 4。

表 5 - 4　与非门组成的或非门的输出显示

A	B	Y
0	0	
0	1	
1	0	
1	1	

② 组成异或门(只能用一片 74LS00)。

· 将异或门表达式转化为与非表达式：_____。

· 按与非表达式画出逻辑电路图，按图连线测试并填表 5 - 5。

表 5 - 5　与非门组成的异或门的输出显示

A	B	Y
0	0	
0	1	
1	0	
1	1	

(5) 逻辑门传输延迟时间测量。

用六反相器(74LS04)按图 5 - 4 接线，输入 200 kHz 连续脉冲，用数字式双踪示波器测输入、输出相位差，计算每个门的平均传输延迟时间 $\overline{t}_{\text{pd}}$。

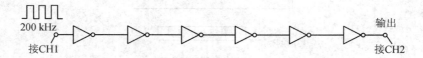

图 5 - 4　逻辑门传输延迟时间的测量接线图

平均传输延迟时间 $\overline{t}_{\text{pd}}$ 的计算公式为

$$\overline{t}_{\text{pd}} = \left[(t_{\text{phd}} + t_{\text{pld}})/2 \right]/6$$

其中：t_{phd} 表示上升沿延迟时间，t_{pld} 表示下降沿延迟时间。

5. 实验报告要求

(1) 按各步骤要求填表。

（2）回答问题：

① 怎样判断门电路的逻辑功能是否正常？

② 与非门一个输入接连续脉冲，其余端在什么状态时允许脉冲通过？在什么状态时禁止脉冲通过？

③ 异或门又称可控反相门，为什么？

5.2 组合逻辑电路分析

1. 实验目的

（1）掌握组合逻辑电路的功能测试。

（2）验证半加器和全加器的逻辑功能。

（3）学会组合逻辑电路的设计方法。

5 - 2 组合
逻辑电路分析

2. 实验仪器及材料

（1）YLSD 数字电路实验台。

（2）器件：

74LS00	二输入端四与非门	3 片
74LS86	二输入端四异或门	1 片
74LS54	四组输入与或非门	1 片

3. 预习要求

（1）预习组合逻辑电路的分析方法。

（2）预习用与非门和异或门构成的半加器、全加器的工作原理。

（3）预习二进制数的运算。

4. 实验原理

使用中、小规模集成电路来设计组合逻辑电路的一般流程如图 5 - 5 所示。

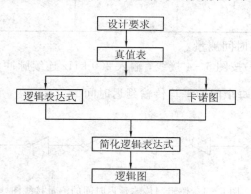

图 5 - 5 组合逻辑电路设计流程图

根据设计任务的要求列写输入、输出变量的逻辑表达式，并列出真值表；然后用逻辑代数或卡诺图化简法求出简化的逻辑表达式，并按实际选用逻辑门的类型修改逻辑表达式；根据简化后的逻辑表达式，画出逻辑图，用标准器件构成逻辑电路；最后，用实验来验证设计的正确性。

5. 实验内容

（1）组合逻辑电路功能测试。

① 用 2 片 74LS00 组成如图 5-6 所示的逻辑电路。

② 图中 A、B、C 接逻辑电平，Y_1、Y_2 接 LED 电平指示。

③ 按表 5-6 的要求，改变 A、B、C 的状态并填表，写出 Y_1、Y_2 的逻辑表达式：

$Y_1 =$ _____

$Y_2 =$ _____

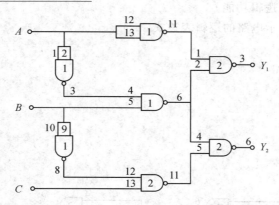

图 5-6　组合逻辑电路功能测试接线图

④ 将运算结果与实验进行比较。

表 5-6　组合逻辑电路功能测试输出结果

输　　入			计算输出		实验输出	
A	B	C	Y_1	Y_2	Y_1	Y_2
0	0	0				
0	0	1				
0	1	1				
1	1	1				
1	1	0				
1	0	0				
1	0	1				
0	1	0				

（2）测试用异或门（74LS86）和与非门（74LS00）组成的半加器的逻辑功能。

根据半加器的逻辑表达式可知，半加器 Y 是 A、B 的异或，而进位 Z 是 A、B 相与，故半加器可用一片集成异或门和两片与非门来组成，如图 5-7 所示。

① 在实验台上用异或门和与非门接成以上电路。A、B 接逻辑电平 S，Y、Z 接 LED 电平指示。

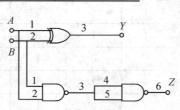

图 5-7　半加器测试接线图

② 按表 5-7 要求改变 A、B 状态，测量并填表。

表 5-7　半加器测试输出显示

输入端	A	0	1	0	1
	B	0	0	1	1
输出端	Y				
	Z				

（3）测试全加器的逻辑功能。

① 写出图 5-8 所示电路的逻辑表达式。

$Y=$

$Z=$

$X_1=$

$X_2=$

$X_3=$

$S_i=$

$C_i=$

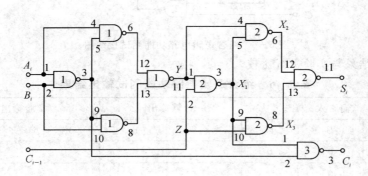

图 5-8　全加器测试接线图

② 根据逻辑表达式列真值表，填写到表 5-8 中。

表 5-8　全加器真值表

A_i	B_i	C_{i-1}	Y	Z	X_1	X_2	X_3	S_i	C_i
0	0	0							
0	1	0							
1	0	0							
1	1	0							
0	0	1							
0	1	1							
1	0	1							
1	1	1							

③ 根据真值表完成图 5-9 所示的逻辑函数 S_iC_i 的卡诺图。

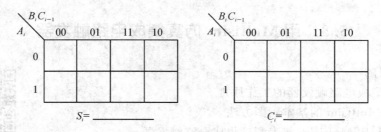

图 5-9　全加器卡诺图

④ 按原理图选择与非门并接线进行测试,将测试结果填入表 5-9 中。将表 5-9 与表 5-8 进行比较,观察逻辑功能是否一致。

表 5-9　全加器输出显示

A_i	B_i	C_{i-1}	S_i	C_i
0	0	0		
0	1	0		
1	0	0		
1	1	0		
0	0	1		
0	1	1		
1	0	1		
1	1	1		

(4) 用一片异或门(74LS86)、一片与或非门(74LS54)和一个二输端与非门(74LS00)设计构成一位全加器并测试逻辑功能。

全加器可以用两个半加器和两片与门、一片或门组成,在实验中,常用一片双异或门、一片与或非门和一片与非门实现。

① 画出用异或门、与或非门和与非门实现全加器的逻辑电路图,写出逻辑表达式。

② 找出异或门、与或非门和与非门器件,按自己画出的逻辑电路图接线。

注意:接线时如果与或非门中的与门有一个或几个引脚不被使用,则需将它们接高电平;如果整个与门不被使用,则需将此与门的至少一个输入引脚接地。

③ 当输入端 A_i、B_i 及 C_{i-1} 为下列情况时,测量 S_i 和 C_i 的逻辑状态,填写表 5-10。

表 5-10　全加器的设计输出显示

输入端	A_i	0	0	0	0	1	1	1	1
	B_i	0	0	1	1	0	0	1	1
	C_{i-1}	0	1	0	1	0	1	0	1
输出端	S_i								
	C_i								

6. 实验报告

(1) 整理实验数据、图表并对实验结果进行分析讨论。

(2) 画出实验内容(4)的电路图,写出逻辑表达式。

5.3　用 Multisim 仿真集成电路触发器

1. 实验目的

（1）学习集成电路触发器的工作原理。

（2）学习 Multisim 的基本画图方法。

（3）学习利用 Multisim 仪表测试集成电路触发器。

2. 实验仪器及材料

电脑一台，安装 Multisim 软件。

3. 预习要求

（1）预习 Multisim 软件的使用方法。

（2）预习 D 触发器、JK 触发器的逻辑功能及特性。

4. 实验原理

5-3　用 Multisim 仿真
集成电路触发器

触发器是具有记忆功能的二进制信息存储器件，按照逻辑功能，可以分为 SR 触发器、D 触发器、JK 触发器、T 触发器。

D 触发器 74LS74 是上升沿触发的双 D 触发器。D 触发器的特性方程为：$Q^* = D$。

JK 触发器 74LS112 是下降沿触发的双 JK 触发器。JK 触发器的特性方程为：$Q^* = JQ' + K'Q$。

5. 实验内容

（1）集成电路 D 触发器的研究。

D 触发器电路如图 5-10 所示。图中，PR 为触发器置位端，CLR 为复位端，均为低电平有效。也就是说，PR 为"0"时，输出端 Q 为"1"；CLR 为"0"时，输出端 Q 为"0"。

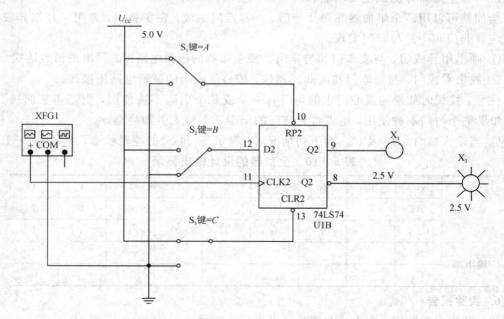

图 5-10　D 触发器（CLK 为函数发生器提供的脉冲信号）

请自行查阅资料，了解 74LS74 芯片的类型及引脚结构，并列出该触发器的特性表。

① 时钟信号 CLK 用函数发生器输入（见图 5 - 10），把函数发生器设置为频率为 1 kHz、幅度为 3 V 的方波信号，观察输出端 Q 与 D、PR、CLR 端的关系，自拟表格记录实验数据。

② 时钟信号 CLK 换成逻辑开关（见图 5 - 11），注意观察输入端 D 与 CLK 和输出端 Q 之间的关系。

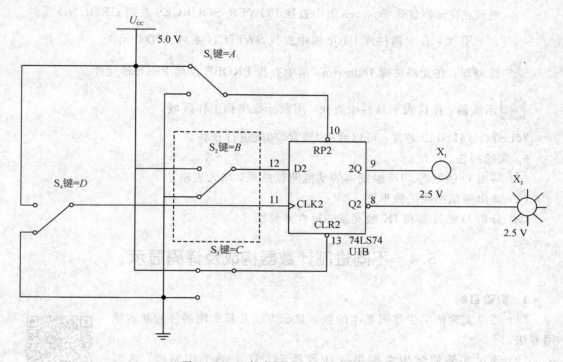

图 5 - 11　D 触发器（CLK 为逻辑开关）

（2）集成电路 JK 触发器的研究。

JK 触发器研究电路如图 5 - 12 所示，其中 PR 和 CLR 的功能与 D 触发器的相同，观察 J、K 及时钟信号 CLK 输入端与输出端 Q 之间的关系，自拟表格，记录实验数据。

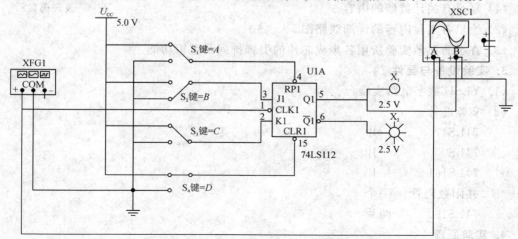

图 5 - 12　JK 触发器

请查阅 74LS112 芯片的类型及引脚结构，并列出该触发器的特性表。

图中每种器件所在器件库的位置如下：

函数发生器：在仪表工具栏中查找，用鼠标拖曳到工作区域。

U_{cc}：在元器件库 Sources 组中查找 POWER_SOURCES 系列 U_{cc}元件。

地线：在元器件库 Sources 组中查找 POWER_SOURCES 系列 GROUND 元件。

逻辑开关：在元器件库 Basic 组中查找 SWITCH 系列 SPDT 元件。

探测器：在元器件库 Indicators 组中查找 PROBE 系列 PROBE 元件。

示波器：在仪表工具栏中查找，用鼠标拖曳到工作区域。

74LS74、74LS112 芯片：可以通过"搜索"功能进行查找。

6. 实验报告

(1) 写出 D 触发器、JK 触发器的功能测试结果，填入表格。

(2) 画出测试结果的波形图。

(3) 分析 D 触发器和 JK 触发器的特性并总结。

5.4　不同进制计数器构成及译码显示

1. 实验目的

(1) 通过实验使学生掌握基本的数字显示方法及其所用器件的基本使用方法。

(2) 通过实验使学生掌握集成计数器 74LS161 的工作原理，掌握 74LS161 四位二进制计数器各控制端的作用及触发方式、进位方式，学会利用 74LS161 和门电路设计构成不同进制计数器的方法。

5-4　不同进制
计数器的构成
及译码显示

2. 实验预习要求

(1) 复习有关计数器的内容。

(2) 绘出各实验内容的详细线路图。

(3) 查手册熟悉实验所用各集成芯片的引脚排列及逻辑功能。

3. 实验设备与器件

(1) YLSD 数字电路实验台。

(2) 实验芯片：

74LS47	一片
74LS00	一片
74LS161	一片
共阳数码管	一个
74LS190	两片

4. 实验原理

BCD 七段显示译码器的引脚图见图 5-13，真值表见表 5-11。

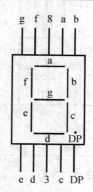

图 5 - 13　BCD 七段显示译码器的引脚图

表 5 - 11　BCD 七段显示译码器的真值表

输入					输出							显示
数字	A_3	A_2	A_1	A_0	Y_a	Y_b	Y_c	Y_d	Y_e	Y_f	Y_g	字形
0	0	0	0	0	1	1	1	1	1	1	0	0
1	0	0	0	1	1	1	0	0	0	0	0	1
2	0	0	1	0	1	1	0	1	1	0	1	2
3	0	0	1	1	1	1	1	1	0	0	1	3
4	0	1	0	0	0	1	1	0	0	1	1	4
5	0	1	0	1	1	0	1	1	0	1	1	5
6	0	1	1	0	0	0	1	1	1	1	1	6
7	0	1	1	1	1	1	1	0	0	0	0	7
8	1	0	0	0	1	1	1	1	1	1	1	8
9	1	0	0	1	1	1	1	1	0	1	1	9
10	1	0	1	0	0	0	0	0	1	1	0	c
11	1	0	1	1	0	0	1	1	1	0	0	⊐
12	1	1	0	0	0	0	0	1	1	0	1	∪
13	1	1	0	1	0	0	1	1	0	0	1	⊏
14	1	1	1	0	0	0	0	1	1	1	1	t
15	1	1	1	1	0	0	0	0	0	0	0	

5. 实验内容

（1）数字显示电路功能测试。

① 按图 5 - 14 所示的原理连线图构成基本的数字显示电路。图中，$\overline{\text{LT}}$ 为灯测试端，$\overline{\text{BI}}$ 为灭灯输入端，$\overline{\text{RBO}}$ 为灭零输出端，$\overline{\text{RBI}}$ 为灭零输入端。将 3、4、5 号引脚接 5 V，改变 $DCBA=0000,0001,0010,0011,\cdots,1111$ 十六组不同数码，记录七段数码显示情况。

② 将 3 号引脚接地，4、5 号引脚接 5 V，改变 $DCBA$ 十六组不同数码，观察显示情况，记录七段数码的显示情况。

③ 将 3 号、5 号引脚接 5 V，4 号引脚接地，改变 $DCBA$ 十六组不同数码，观察灭灯控制端的控制作用，并记录七段数码的显示情况。

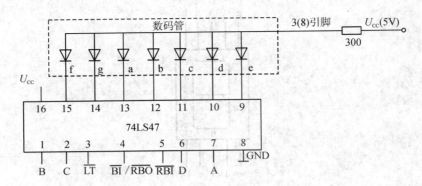

图 5 - 14 数字显示实验原理图

④ 将 3 号引脚接 5 V，4 号引脚接 LED 电平指示，5 号引脚接地，改变 *DCBA* 十六组不同数码，观察灭零控制端的控制作用，并记录七段数码的显示情况和 4 号引脚的电平变化。

⑤ 将实验数据填入表 5 - 12 中。

表 5 - 12 数字显示实验输出结果

DCBA	(1) 亮段显示	(2) 亮段显示	(3) 亮段显示	(4) 亮段显示	4 号引脚电平
0000					
0001					
0010					
0011					
0100					
0101					
0110					
0111					
1000					
1001					
1010					
1011					
1100					
1101					
1110					
1111					

（2）计数译码显示实验。

按图 5-15 给出的逻辑图进行电路实验。注意先查出引脚号，其中$\overline{Cr}$是清零端，$\overline{LD}$是置数控制端。当$\overline{LD}=0$时，D、C、B、A四个数据被送到 QD、QC、QB、QA 上。如果$\overline{Cr}$和$\overline{LD}$为高电平，则 74LS161 实现二进制计数。观察在连续脉冲作用下 74LS161、74LS47、数字显示器的工作情况。

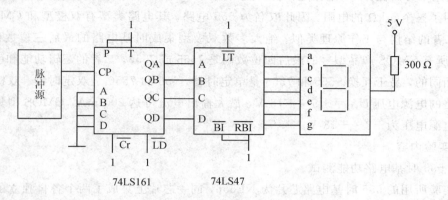

图 5-15　计数译码显示实验原理图

（3）采用置数法改变计数制，实现六进制和十进制的计数器。

利用 74LS161、74LS47 和 74LS00 分别设计一个六进制、十进制的计数器及显示电路，将电路图绘制完成。

6. 实验报告

（1）记录、整理实验数据及显示情况，画出测试线路图。

（2）用两片 74LS190 设计一个六十进制减法计数器，画出电路图。

5.5　555 时基电路及应用

1. 实验目的

（1）掌握 555 时基电路的结构和工作原理，学会正确使用此芯片。

（2）学会分析和测试用 555 时基电路构成的多谐振荡器、单稳态触发器、RS 触发器等典型电路。

2. 实验预习要求

（1）复习 555 定时器的工作原理及其应用。

（2）完成预习报告中所需的数据测量以及表格。

（3）预习各项实验内容的步骤和方法。

3. 实验设备与器件

（1）YLSD 数字电路实验台。

（2）数字式双踪示波器。

（3）实验元件：

NE556 双时基电路　　　　　　　　　　　　　　　1 片

5-5　555 时基
电路及应用

电位器 22 kΩ、1 kΩ　　　　　　　　　　各 1 只

电阻、电容　　　　　　　　　　　　　　若干

4. 实验原理

集成时基电路又称为集成定时器或 555 电路，是一种数字、模拟混合型中规模集成电路，其应用十分广泛。555 电路是一种产生时间延时和多种脉冲信号的电路，由于内部电压标准使用了三个 5 kΩ 的电阻，因此取名为 555 电路。其电路类型有双极型和 CMOS 型两大类，二者的结构与工作原理类似。绝大多数双极型集成时基电路的最后三位数码是 555 或 556，所有 CMOS 产品型号的最后四位数码是 7555 或 7556，二者的逻辑功能和引脚排列完全是相同的，易于互换。555 和 7555 是单定时器，556 和 7556 是双定时器。双极型集成时基电路的电源电压 $U_{cc}=+5\sim+15$ V，最大输出电流可达 200 mA，CMOS 型集成时基电路的电源电压为 $+3\sim+18$ V。

5. 实验内容

(1) 555 时基电路功能测试。

本实验所用的 555 时基电路芯片为 NE556，同一芯片上集成了两个各自独立的 555 时基电路，各管脚的功能简述如下：

TH 高电平触发端：当 TH 端电平大于 $2U_{cc}/3$ 时，输出端 OUT 呈低电平，DIS 端导通。

$\overline{TR}$ 低电平触发端：当 $\overline{TR}$ 端电平小于 $U_{cc}/3$ 时，OUT 端呈现高电平，DIS 端关断。

$\overline{R}$ 复位端：$\overline{R}=0$，OUT 端输出低电平，DIS 端导通。

VC 控制电压端：该管脚接不同的电压值可以改变 TH、$\overline{TR}$ 的触发电平值。

DIS 放电端：其导通或关断为 RC 回路提供了放电或充电的通路。

OUT：输出端。

芯片的管脚如图 5 - 16 所示，时基电路功能简图如图 5 - 17 所示。

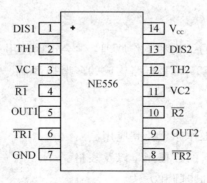

图 5 - 16　时基电路 556 的管脚图

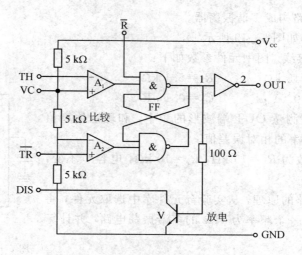

图 5-17　时基电路功能简图

按图 5-18 接线,可调电压取自可调电位器。

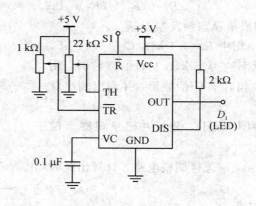

图 5-18　测试接线图

按表 5-13 逐项测试其功能并记录。

表 5-13　测试输出情况

输入端			输出端		
TH	$\overline{\text{TR}}$	$\overline{\text{R}}$	OUT	DIS	测试情况
$\times$	$\times$	L	L	导通	
$>2U_{CC}/3$	$>U_{CC}/3$	H	L	导通	
$<2U_{CC}/3$	$>U_{CC}/3$	H	原状态	原状态	
$<2U_{CC}/3$	$<U_{CC}/3$	H	H	关断	

（2）555 时基电路构成多谐振荡器。

多谐振荡器电路如图 5 - 19 所示。

① 按图 5 - 19 接线。图中元件参数如下：

$$R_1 = 15 \text{ k}\Omega, \qquad R_2 = 5.1 \text{ k}\Omega$$
$$C_1 = 0.01 \text{ }\mu\text{F}, \qquad C_2 = 0.1 \text{ }\mu\text{F}$$

用示波器观察并测量 OUT 端波形的频率，和理论估算值进行比较，计算出频率的相对误差值。

② 若将电阻值改为 $R_1 = 15 \text{ k}\Omega$，$R_2 = 10 \text{ k}\Omega$，电容 C 不变，上述数据有何变化？

③ 根据上述电路的原理，从实验台元件库中选取元件，将电路略作修改，设计一个频率为 1Hz 的多谐振荡电路，并计算误差。

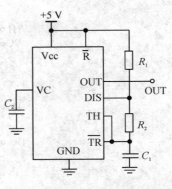

图 5 - 19　多谐振荡器电路

电路的振荡频率为

$$f = \frac{1}{T} = \frac{1}{(R_1 + 2R_2)C_1 \ln 2}$$

（3）555 时基电路构成单稳态触发器。

① 按图 5 - 20 接线，图中 $R = 5.1 \text{ k}\Omega$，$C_1 = 0.01 \text{ }\mu\text{F}$，$C_2 = 0.1 \text{ }\mu\text{F}$。当 U_i 是频率约为 25 kHz 左右的方波时，用双踪示波器观察 OUT 端相对于 U_i 的波形，并测出输出脉冲的宽度 T_W。

② 调节 U_i 的频率为 50 kHz，分析并记录观察到的 OUT 端波形的变化。

③ 若想使 $T_W = 10 \text{ }\mu\text{s}$，应怎样调整电路？计算出此时各有关的参数值。

注：输出脉冲的宽度为

$$T_W = \ln 3 \cdot RC_1$$

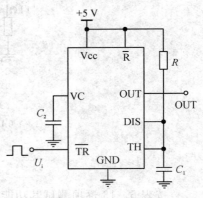

6. 实验报告

（1）记录实验内容（2）的数据并计算误差。

（2）定量绘出实验内容（3）中①和②观测到的波形图。

（3）计算实验内容（3）中③的数值。

图 5 - 20　单稳态触发器电路

第 6 章　电子技术课程设计

6.1　GKS - 18 光控声光循环灯

1. 设计任务

供电电压：3 V（两节 5 号电池）。

静态电流：800 μA

工作电流：75 mA。

GKS - 18 为 XSD - 18 的升级版，加入了光控电路，当光线变暗（或是变强）时，18 只 LED 灯循环闪动，蜂鸣器奏响"祝你生日快乐"乐曲；当光线变强（或是变暗）时，电路停止工作。将光敏电阻作为感光元件，可通过一组跳线帽设置亮触发或暗触发两种工作模式，另一组跳线用于设置蜂鸣器是否静音。

两种触发模式的应用实例如下：

亮触发模式：晚上置于窗户边，待到天明时，电路开始工作。

暗触发模式：置于光线能照到的地方，人靠近挡住光线后电路开始工作。

2. 原理图

电路原理图详见图 6 - 1。

3. 电路构成说明

整个电路包括光传感电路、电压比较输出电路、LED 循环闪光灯电路和音乐发声电路。

（1）光传感电路：将 R_7 光敏电阻作为光传感器，它将光线的强弱转化为电压的高低，并通过与 R_8 串联分压后输入 U_{1A} 电压比较器的反向端。

（2）电压比较输出电路：R_9、VR_1 和 R_{10} 串联分压后为 U_{1A} 提供基准电压（VR_1 用于调节基准电压，即调整光敏电阻的灵敏度），基准电压输入到 U_{1A} 的同相端，当同相端电压高于反相端电压时，U_1 输出高电平，V_4 截止，LED 循环闪光灯电路和音乐发声电路不工作；当同相端电压低于反相端电压时，U_1 输出低电平，V_4 导通，LED 循环闪光灯电路和音乐发声电路得电工作。

（3）LED 循环闪光灯电路：18 只 LED 分成 3 组，分别是 $VD_1 \sim VD_6$、$VD_7 \sim VD_{12}$、$VD_{13} \sim VD_{18}$。每当电源接通时，3 只三极管争先导通，但由于元器件存在差异，因此只会有一只三极管最先导通。这里假设 V_1 最先导通，则 $VD_1 \sim VD_6$ 点亮。由于 V_1 导通，因此其集电极电压下降使得电容 C_1 的左端下降，接近 0 V。由于电容两端的电压不能突变，因此 V_2 的基极也被拉到近似 0 V，V_2 截止，故接在其集电极的 $VD_7 \sim VD_{12}$ 熄灭。此时 V_2 的高电压通过电容 C_2 使 V_3 的基极电压升高，V_3 也将迅速导通，$VD_{13} \sim VD_{18}$ 点亮。因此在这段时间里，V_1、V_3 的集电极均为低电压，$VD_1 \sim VD_6$ 和 $VD_{13} \sim VD_{18}$ 被点亮，$VD_7 \sim VD_{12}$ 熄灭。但随着电源通过电阻 R_3 对 C_1 充电，V_2 的基极电压逐渐升高，当超过 0.7 V 时，V_2 由截止状态变为导通状态，集电极电压升高，$VD_{13} \sim VD_{18}$ 熄灭。接下来，电路按照上面叙述的过程循环，3 组 18 只 LED 便会被轮流点亮，同一时刻有两组共 12 只 LED 被点亮。这些 LED 被交叉排列成一个心形图案，不断地按照顺时针方向循环闪烁发光，达到流动显示的效果。

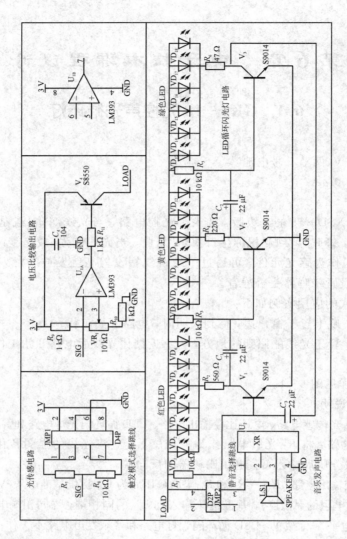

图 6-1　光控声光循环灯电路原理图

注：为保证不同颜色 LED 的发光亮度一致，3 只限流电阻分别为 47 Ω（接绿色 LED 灯组）、220 Ω（接黄色 LED 灯组）和 560 Ω（接红色 LED 灯组）。

（4）音乐发声电路：以 U₂"祝你生日快乐"音乐芯片为核心，加上一只 S8050（焊在音乐芯片上）放大音频后推动 LS1 蜂鸣器发声，JMP2 跳线相当于音乐发声电路的电源开关。

4. 元件清单

光控声光循环灯的元件清单详见表 6-1。其中，光敏电阻器的阻值随入射光线（可见光）的强弱变化而变化，在黑暗条件下，其阻值（暗阻）为 1~10 MΩ，在强光条件（100 lx）下，其阻值（亮阻）仅有几百至数千欧姆。光敏电阻器对光的敏感性（即光谱特性）与人眼对可见光（波长为 0.4~0.76 μm）的响应很接近，只要人眼可感受的光，都会引起它的阻值变化。设计光控电路时，都用白炽灯泡（小电珠）光线或自然光线作控制光源，使设计大为简化。

表 6 - 1　光控声光循环灯的元件清单

序号	名称	型号/规格	编号	序号	名称	型号/规格	编号
01	电阻	47 Ω	R_6	15	电位器	10 kΩ	VR_1
02	电阻	220 Ω	R_4	16	集成电路	LM393	U_{1A}
03	电阻	560 Ω	R_2	17	音乐芯片	XR	U_2
04	电阻	1 kΩ	R_9,R_{10},R_{11}	18	IC 座	8PIN	U_{1B}
05	电阻	10 kΩ	R_1,R_3,R_5,R_8	19	有源蜂鸣器	KC-1201	LS1
06	光敏电阻	5528 Ω	R_7	20	排针	双 4P 排针	JMP1
07	电容	104	C_4	21		双 2P 排针	JMP2
08	电容	22μF/25V	C_1,C_2,C_3	22	跳线帽	2.54 mm-2P	3
09	LED	F5 红发红	$VD_1\sim VD_6$	23	间隔柱	4 mm×3 mm	1
10	LED	F5 黄发黄	$VD_7\sim VD_{12}$	24	接线端	XH2.54-2P	J1
11	LED	F5 绿发绿	$VD_{13}\sim VD_{18}$	25	电源线	单头 2P,15 cm	1
12	三极管	S9014	V_1,V_2,V_3	26	电池盒	2 节 5 号电池盒	1
13	三极管	S8050	焊于音乐芯片上	27	PCB 电路板	65 mm×67 mm	1
14	三极管	S8550	V_4	28	说明书	A4	1

6.2　触摸延时开关

1. 设计任务

本节的设计任务是以高校学生实验以及课程设计为基础,采用简单的电阻、电容等基础元件,设计出触摸延时开关电路。该电路既具有实际应用价值,又对学生从理论教学向实践教学转变起到很好的引导作用。可以在该简单电路的基础上进行改进,使其成为更为完善和实用的开关电路,从而投入实际应用。

2. 原理图

触摸延时开关电路的原理图如图 6 - 2 所示。

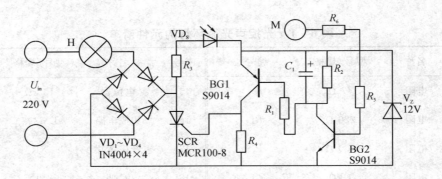

图 6 - 2　触摸延时开关电路的原理图

注意：本电路与市电直接相接，在调试过程中要十分注意，以免触电。有条件的话，可以先用隔离变压器把市电隔离，再进行调试。电阻 R_6 的引线要短，一端直接焊在电极片 M 的背面，另一端焊上一根软线，再与印制板上的 R 相接。

3. 电路构成说明

如图 6 - 2 所示，SCR 组成开关的主回路，BG1、BG2 等组成开关的控制回路。平时，BG1、BG2 均处于截止状态，SCR 阻断，电灯 H 不亮。此时 220 V 交流电经 $VD_1 \sim VD_4$ 整流桥、R_3 和 V_Z 使 LED 发光，用作夜间指示开关。这时流过 H 的电流仅 2 mA 左右，不足以使电灯 H 发光。需要开灯时，用手指摸一下电极片 M，由于人体的泄露电流经 R_5、R_6 注入 BG2 的基极，BG2 迅速导通，BG2 集电极为低电平，BG1 也随之导通，因此有触发电流经 BG1 注入 SCR 的控制极使 SCR 开通，电灯 H 通电发光。在 BG2 导通瞬间，C_1 通过 BG2 的 c-e 极间被并联在 V_Z 的两端，因此被迅速充入约 12 V 的电压。电灯点亮后，人手离开 M，虽然 BG2 恢复截止状态，但由于 C_1 所存储的电荷通过 R_1 向 BG1 发射结放电，使 BG1 依然保持导通状态，所以电灯继续发亮。当 C_1 电荷基本放完后，BG1 恢复截止状态，SCR 失去触发电流，当交流电过零时，SCR 关断，电灯熄灭。

开关延迟时间主要由电阻 R_1、R_2 和电容 C_1 的数值决定，如要进一步增大延迟时间，可加大 C_1 的容量。除上述主要因素外，BG1 的放大倍数以及 SCR 的触发灵敏度对延迟时间也有影响。

4. 元件清单

触摸延时开关的元件清单见表 6 - 2。

表 6 - 2　触摸延时开关的元件清单

元件代号	元件名称	规格型号	数量
$VD_1 \sim VD_4$	二极管	1N4004	4
VD_5	发光二极管	白色	1
SCR	晶闸管	MCR100-8	1
BG1、BG2	三极管	S9014	2
R_1	电阻器	RT1 - 0.125 - 100 kΩ±5%	1
R_2、R_3	电阻器	RT1 - 0.125 - 1 MΩ±5%	2
R_4	电阻器	RT1 - 0.125 - 120 kΩ±5%	1
R_5、R_6	电阻器	RT1 - 0.125 - 5.1 MΩ±5%	2
C_1	电解电容器	22μF/16 V	1
M	触摸电极	10 mm 金属片	1
H	灯泡	40 W/220 V	1

6.3　数字式抢答器

1. 设计任务

(1) 所设计的数字式抢答器可供 8 路抢答者使用，其中一路按规定优先抢答时具有互锁排他的功能。

(2) 具有数字显示优先抢答者序号的功能，同时配有声、光报警功能。

(3) 对犯规抢答者(包括提前抢答者和超时抢答者)除用声、光信号报警外，还要有显示犯规者序号的功能。

(4) 抢答器具有 30 s 和 60 s 二级定时功能。

(5) 抢答器具有复位和启动的功能。

(6) 数字式抢答器的使用步骤和要求：

① 电路上电后，在使用前必须进行系统复位。

② 抢答主持人确定抢答允许时间为 30 s 或者 60 s，用开关确定。

③ 抢答主持人发出抢答命令后同时扳动启动定时开关。

④ 抢答者听到抢答开始命令后要通过面前的按钮开关输入抢答信号。

2. 原理图

数字式抢答器的原理框图见图 6 - 3。

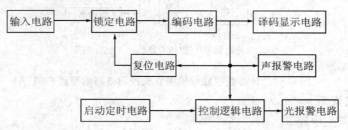

图 6 - 3　数字式抢答器的原理框图

3．电路构成说明

（1）抢答者输入抢答信号的锁定电路。

（2）抢答者序号的编码电路。

（3）抢答者序号的译码显示电路。

（4）复位电路。

（5）声、光报警电路。

（6）控制逻辑电路。

（7）启动定时电路。

4．元件清单

元件清单包括 74LS373、74LS148、74LS47、555 定时电路、各种门电路（74LS00、74LS32、74LS08）、触发器、8 Ω/0.25W 喇叭（或蜂鸣器）及必要的阻容元件。

6.4 具有数字显示的洗衣机控制电路

1．设计任务

（1）能在 1～15 min 内任意设定洗衣机的工作时间，并动态显示剩余时间。

（2）控制洗衣机的电机按正转 20 s—停 10 s—反转 20 s—停 10 s—正转 20 s…的规律运行。

（3）用下列两种方式模拟电机的运转规律：

① 用发光二极管依次点亮形成的光点移动、停止表示电机的运转规律。

② 用两个发光二极管代替电机绕组接在执行电路中，并受两支继电器控制。通过发光二极管的亮、灭模拟电机的运转规律。

2．原理图

具有数字显示的洗衣机控制电路的原理框图见图 6-4。

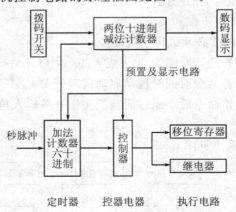

图 6-4 具有数字显示的洗衣机控制电路的原理框图

3．电路构成说明

（1）秒脉冲产生电路。

（2）六十进制加法计数器电路。

（3）控制电路。

（4）执行电路。

（5）预置与显示电路。

4. 元件清单

元件清单包括 74LS00、74LS10、74LS47、74LS138、74LS160、74LS161、74LS194、74LS190、NE555、共阳极数码管、拨码开关、发光二极管及必要的阻容元件等。

6.5　一位十进制数加减法运算电路

1. 设计任务

用集成芯片设计一位十进制数加减法运算电路，具体要求如下：

（1）能实现一位十进制数的加法运算，最大值为 $9+9=18$。

（2）能实现一位十进制数的减法运算，最小值为 $0-9=-9$。

（3）能显示输入数值以及计算结果。

2. 原理图

一位十进制数加减法运算电路的原理框图见图 6-5。

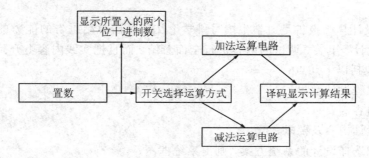

图 6-5　一位十进制数加减法运算电路的原理框图

3. 电路构成说明

（1）加法电路的实现。

用两片 4 位全加器 74LS183 和门电路设计一位 8421BCD 码加法器。

一位 8421BCD 数 A 加一位数 B 有 0～18 共 19 种结果。当两数之和小于等于 9（1001）时，相加的结果和按二进制数相加所得到的结果一样；而当和大于 9 时需要加 6，这样就可以给出进位信号，同时得到一个小于 9 的和。设计时列出二进制数加法运算结果与十进制数相加应得结果的对照表，根据真值表得到最终进位端的逻辑表达式。

（2）减法电路的实现。

该电路的功能为计算 $A-B$。若 n 位二进制原码为 $N_\text{原}$，则与它相对应的补码为 $N_\text{补}=2^n-N_\text{原}$，补码与反码的关系式为 $N_\text{补}=N_\text{反}+1$，则

$$A-B=A+B_\text{补}-2^n=A+B_\text{反}+1-2^n$$

因为 $B\oplus 1=\overline{B}$，$B\oplus 0=B$，所以通过异或门 74LS86 对输入的数 B 求反码，并将进位输入端接逻辑 1 以实现加 1，由此求得 B 的补码。加法器相加的结果为

$$A+B_\text{反}+1$$

　　由于 $2n=24=(10000)_2$，因此相加结果与 $2n$ 相减只能由加法器的进位输出信号完成。当进位输出信号为 1 时，它与 $2n$ 的差为 0；当进位输出信号为 0 时，它与 $2n$ 的差为 1，同时还要发出借位信号。因为设计要求被减数大于或等于减数，所以所得的差值就是 $A-B$ 的原码，借位信号为 0。

　　（3）译码显示电路。

　　① 对于输入的两个十进制数，采用拨码开关把不同的高低电平输入 74LS47 的 $DCBA$ 端，再译码输出到七段 LED 显示器进行显示。

　　② 译码显示电路是由七段 LED 译码驱动器 74LS47 和七段 LED 数码显示器组成的。在 74LS47 中，将前面运算电路运算所得的结果输入 74LS47 的 $DCBA$ 端，再译码输出，最后在七段 LED 显示器中显示出来。

　　4．元件清单

　　元件清单包括：74LS04 芯片 1 片，74LS08 芯片 1 片，74LS47 芯片 3 片，74LS54 芯片 1 片，74LS86 芯片 2 片，74LS283 芯片 3 片，共阳极数码管 4 个，4 位拨码开关 3 个，5.1 kΩ 电阻 9 个，300 Ω电阻 4 个，四节电池盒 1 个，面包板 1 块，导线若干。

6.6　课程设计总结报告的书写要求

　　编写课程设计总结报告是对学生撰写科学论文和科研总结报告的能力的训练。通过写报告，不仅对设计、组装、调试的内容进行全面总结，而且把实践内容上升到理论高度。设计总结报告应包括以下几点：

　　（1）拟定课程设计题目；

　　（2）写明内容摘要；

　　（3）写明设计内容及要求；

　　（4）比较和选择设计的系统方案，画出系统框图；

　　（5）设计单元电路，进行计算参数，并选择器件；

　　（6）画出完整的电路图，并说明电路的工作原理；

　　（7）写出组装调试的内容，包括使用的主要仪器和仪表、调试电路的方法和技巧、测试的数据和波形，与计算结果的比较分析、调试中出现的故障和原因及排除方法；

　　（8）总结设计电路的特点和方案的优缺点，指出课题的核心及实用价值，提出改进意见和展望；

　　（9）列出系统需要的元器件清单；

　　（10）列出参考文献；

　　（11）总结收获、体会。

第7章　电路与电子技术实验报告模板

7.1　电路实验部分

实验一　基尔霍夫定律的验证

姓名_____　　班级_____　　学号_____　　班级序号_____

台号_____　　日期_____　　实验成绩_____

一、实验目的

二、实验仪器

三、实验电路图

四、预习内容

(1) 基尔霍夫电流定律：在集总电路中，任何时刻流入或流出任一节点的所有支路电流的_____，即_____。

(2) 基尔霍夫电压定律：在集总电路中，任何时刻沿任一闭合回路所有支路（或元件）电压的_____，即_____。

(3) 根据图 3-1 所示的电路参数，计算待测电流 I_1、I_2、I_3 和各电阻上的电压值。

（4）在图 3-1 所示的电路中，A、D 两点的电流方程是否相同？为什么？

（5）在图 3-1 所示的电路中可以列几个电压方程？它们与绕行方向有无关系？为什么？

（6）实验中，若用指针式万用表的直流毫安挡测各支路电流，什么情况下可能出现毫安表指针反偏？应如何处理？在记录数据时应注意什么？若用直流数字毫安表进行测量，则会有什么显示？

五、实验原始数据记录

（1）测量支路电流，将测得的数据填入表 7-1 中。

电流参考方向：＿＿＿＿＿＿＿＿＿＿＿＿＿＿＿。

表 7-1　支路电流数据

支路电流/mA	I_1	I_2	I_3
计算值			
测量值			
相对误差			

（2）测量支路电压，将测得的数据填入表 7-2 中。

电压参考方向：＿＿＿＿＿＿＿＿＿＿＿＿＿＿＿。

表 7-2　各元件电压数据

电压/V	U_{S1}	U_{S2}	U_{R1}	U_{R2}	U_{R3}（左）	U_{R3}（右）	U_{R4}	U_{R5}
计算值								
测量值								
相对误差								

（3）扩展内容（选做）。

检查实验电路"故障 1""故障 2""故障 3""故障 4""故障 5"的问题，写明故障原因，并简述检查、分析电路故障的方法。

六、实验数据处理

（1）根据表 7-1 所示的实验数据，选定实验电路中的任一节点，验证基尔霍夫电流定律（KCL）的正确性。

（2）根据表 7-2 所示的实验数据，选定实验电路中的任一闭合回路，验证基尔霍夫电压定律（KVL）的正确性。

（3）列出求解电压 U_{EA} 和 U_{CA} 的电压方程，并根据表 7－2 所示的实验数据求出它们的数值。

七、误差分析与实验结论

实验二　电压源、电流源及电源的等效变换

姓名_____　　班级_____　　　学号_____　　班级序号_____

台号_____　　日期_____　　　实验成绩 _____

一、实验目的

二、实验仪器

三、实验电路图

四、预习内容

（1）理想电压源的伏安特性曲线是一条_____，实际电压源的输出电压随输出电流增大而_____。理想电流源的伏安特性曲线是一条_____，实际电流源的输出电流随电压增大而_____。

（2）实际电压源和实际电流源之间等效变换的条件是：_____。

（3）理想电压源的输出端为什么不允许短路？理想电流源的输出端为什么不允许开路？

（4）理想电压源和理想电流源的输出能否在任何负载下保持恒值？为什么？

（5）实际电压源与实际电流源的外特性为什么呈下降变化趋势？下降的快慢受哪个参数影响？

（6）电源等效中的"等效"是对谁而言的？电压源与电流源能否等效变换？

五、实验原始数据记录

（1）测定理想电压源和实际电压源的外特性，将测得数据分别填入表 7 - 3 和表 7 - 4 中。

表 7 - 3　理想电压源（恒压源）的外特性数据

I/mA					
U/V					

表 7 - 4　实际电压源的外特性数据

I/mA					
U/V					

（2）测定理想电流源和实际电流源的外特性，将测得数据分别填入表 7 - 5 和表 7 - 6 中。

表 7 - 5　理想电流源（恒压源）的外特性数据

I/mA					
U/V					

表 7 - 6　实际电流源的外特性数据

I/mA					
U/V					

（3）研究电源等效变换条件，将测得的数据填入表 7 - 7 中。

表 7 - 7　等效数据

U_S/V	R_S	U/V	I/mA	I_S/mA
6	51			

六、实验数据处理

（1）根据实验数据，在坐标纸上画出电源的四条外特性，并总结、归纳两类电源的特性。

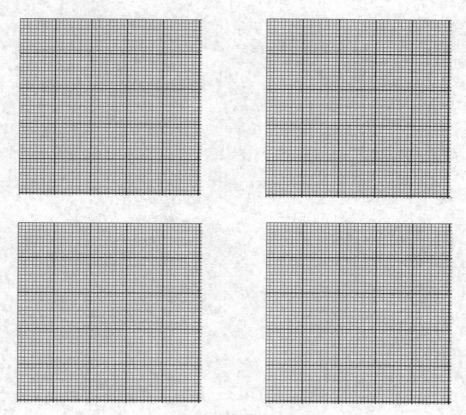

（2）根据表 7 - 7 所示的实验数据，验证电源等效变换的条件。

七、误差分析与实验结论

实验三　线性电路叠加性和齐次性的验证

姓名＿＿＿＿＿＿　　班级＿＿＿＿＿＿　　学号＿＿＿＿＿＿　　班级序号＿＿＿＿＿＿

台号＿＿＿＿＿＿　　日期＿＿＿＿＿＿　　实验成绩＿＿＿＿＿＿＿＿＿＿

一、实验目的

二、实验仪器

三、实验电路图

四、预习内容

(1) 在线性电路中，当有＿＿＿＿＿＿＿＿＿独立电源作用时，任意支路中的电流或电压都是各个独立电源＿＿＿＿＿＿＿＿＿；而当其他独立源＿＿＿＿＿＿＿时，则为在该支路所产生的各电流分量或各电压分量的＿＿＿＿＿＿＿。

(2) 在图 7 - 1 所示电路中，试用叠加定理写出各电流和电压之间的关系。

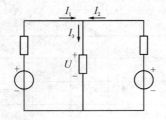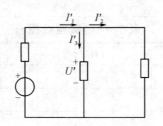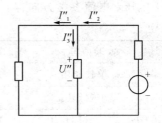

图 7 - 1　叠加定理原理说明图

$$\underline{\quad} I_1 = \underline{\quad} I_1' \underline{\quad} I_1'' \qquad\qquad \underline{\quad} I_2 = \underline{\quad} I_2' \underline{\quad} I_2''$$
$$\underline{\quad} I_3 = \underline{\quad} I_3' \underline{\quad} I_3'' \qquad\qquad \underline{\quad} U = \underline{\quad} U' \underline{\quad} U''$$

（3）线性电路的齐次性是指当激励信号增加为原来的 K 倍或减小为原来的 $1/K$ 时，＿＿

＿＿＿＿＿＿＿＿＿＿＿＿＿＿＿＿＿＿＿＿＿＿＿＿＿＿＿＿＿＿＿＿＿。

（4）叠加原理中，U_{S1}、U_{S2} 分别单独作用，在实验中应如何操作？能否将要去掉的电源（U_{S1} 或 U_{S2}）直接短接？

（5）实验电路中，若将一个电阻元件改为二极管，试问叠加性还成立吗？为什么？

五、实验原始数据记录

（1）线性电路叠加性和齐次性的验证。按照表 7-8 中的要求测量各电压、电流数据，注意按照你所设的参考方向检查 U_{S1}、U_{S2} 的正、负极性，必要时在表格中加负号。

电压、电流参考方向：＿＿＿＿＿＿＿＿＿＿＿＿＿＿＿＿＿＿＿＿＿＿＿。

表 7-8　实验数据一

实验内容	U_{S1}	U_{S2}	I_1	I_2	I_3	U_{AB}	U_{CD}	U_{AD}	U_{DE}	U_{FA}
U_{S1} 单独作用	12	0								
U_{S2} 单独作用	0	6								
U_{S1}、U_{S2} 共同作用	12	6								
U_{S2} 单独作用	0	12								

注：表中电流单位均为 mA，电压单位均为 V。

（2）非线性电路叠加性和齐次性的验证（注意 U_{S2} 正负极要颠倒一下）。将测得的数据填入表 7-9 中。

电压、电流参考方向：_____。

表 7-9　实验数据二

实验内容	U_{S1}	U_{S2}	I_1	I_2	I_3	U_{AB}	U_{CD}	U_{AD}	U_{DE}	U_{FA}
U_{S1} 单独作用	12	0								
U_{S2} 单独作用	0	6								
U_{S1}、U_{S2} 共同作用	12	6								
U_{S2} 单独作用	0	12								

注：表中电流单位均为 mA，电压单位均为 V。

六、实验数据处理

（1）根据表 7-8，通过各支路电流和各电阻元件两端电压的测量数据，验证电路的叠加性与齐次性。

（2）各电阻元件所消耗的功率能否用叠加原理计算得出？试用表 7-8 中的数据计算说明。

（3）根据表 7-9，列举两个电流电压，说明叠加性和齐次性是否适用该实验电路。

七、误差分析与实验结论

实验四　戴维宁定理和诺顿定理的验证

姓名_____　　班级_____　　学号_____　　班级序号_____

台号_____　　日期_____　　实验成绩_____

一、实验目的

二、实验仪器

三、实验电路图

四、预习内容

(1) 戴维宁定理:任何一个线性含源二端网络都可以等效为 ＿＿＿＿＿＿＿＿＿＿＿＿＿＿＿＿＿＿＿＿＿＿＿ 。诺顿定理:任何一个线性含源二端网络可以用 ＿＿＿＿＿＿＿＿＿ ＿＿＿＿＿＿＿＿＿＿＿＿＿＿＿＿＿ 等效代替。

(2) 如何测量有源二端网络的开路电压和短路电流?在什么情况下不能直接测量开路电压和短路电流?

五、实验原始数据记录

(1) 测量等效参数。将测得的开路电压、短路电流数据填入表 7 - 10 中,并计算等效电阻。

表 7 - 10　等效参数

U_{OC}/V	I_{SC}/mA	$R_S = U_{OC}/I_{SC}$

(2) 进行负载实验。按照表 7 - 11 的要求调节负载电阻的大小,逐点测量电压、电流,将测得的数据填入表 7 - 11 中。

表 7 - 11　原电路的外特性数据

R_L/Ω	0	100	300	500	800	1500	2500	∞
U/V								
I/mA								

(3) 验证戴维宁定理和诺顿定理。将测得的数据填入表 7 - 12 和表 7 - 13 中。

表 7 - 12　等效电路的外特性数据(验证戴维宁定理)

R_L/Ω	0	70	200	600	900	1800	3000	5000
U/V								
I/mA								

表 7 - 13　等效电路的外特性数据(验证诺顿定理)

R_L/Ω	50	150	400	700	1200	2400	4000	∞
U/V								
I/mA								

六、实验数据处理

　　根据表 7 - 11～表 7 - 13 所示的数据,在坐标纸上画出有源二端网络和有源二端网络等效电路的外特性曲线,验证戴维宁定理和诺顿定理的正确性。

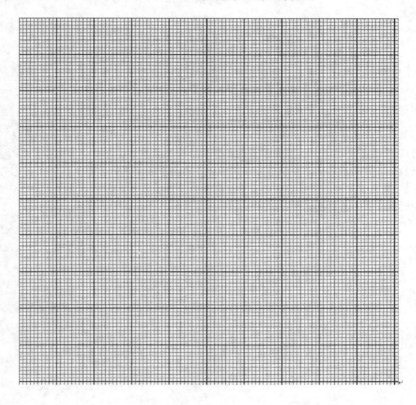

七、误差分析与实验结论

实验五　*RC* 一阶电路的响应测试

姓名_____　　班级_____　　学号_____　　班级序号_____

台号_____　　日期_____　　实验成绩_____

一、实验目的

二、实验仪器

三、实验电路图

四、预习内容

（1）用示波器观察 *RC* 一阶电路的零输入响应和零状态响应，说明为什么激励必须是方波信号。

（2）在 *RC* 一阶电路中，当 *R*、*C* 的大小变化时，对电路的响应有何影响？

（3）何谓积分电路和微分电路？它们必须具备什么条件？它们在方波的激励下，其输出信号波形的变化规律是怎样的？这两种电路有何功能？

五、实验原始数据记录

（1）画出当 $R=600\Omega$，$C=0.1\mu F$ 时 U_c 的响应曲线（图1），并在图中标注时间常数的测量值及充电、放电时间。

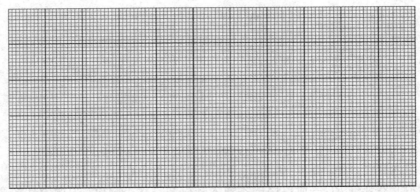

（2）画出当 $R=1000\ \Omega$，$C=0.1\mu F$ 时 U_c 的响应曲线（图2），并在图中标注时间常数的测量值及充电、放电时间。（图2）

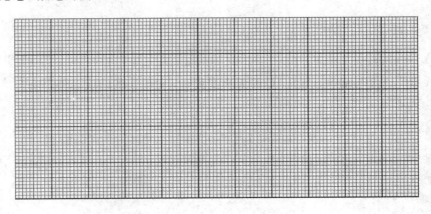

（3）画出积分电路中当 $R=10$ kΩ，$C=0.1$ μF 时 U_C 的响应曲线（图 3）。

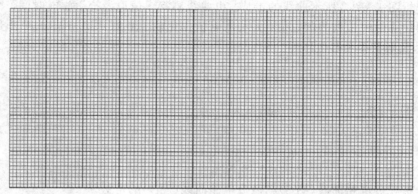

（4）画出微分电路中。当 $R=100$ Ω，$C=0.1\mu$F 时 U_R 的响应曲线（图 4）。

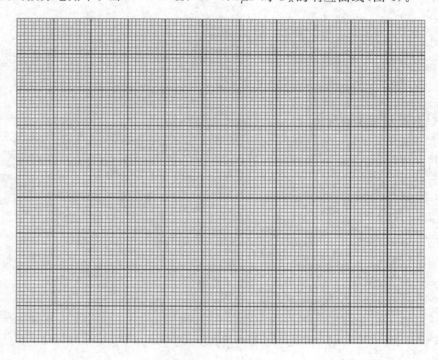

六、实验数据处理

（1）分析图 1、图 2 所示曲线的走势。由曲线测得 τ 值以及充、放电时间，在图中标注清楚，分别计算时间常数的理论值，并与测量值作比较。图 1、图 2 所示两个图形的区别是什么？这个区别受哪个参数影响？

（2）分析积分电路曲线（图 3）与微分电路曲线（图 4）的走势。

七、误差分析与实验结论

实验六　正弦稳态交流电路相量的研究

姓名＿＿＿＿＿＿　班级＿＿＿＿＿＿　学号＿＿＿＿＿　班级序号＿＿＿＿＿＿

台号＿＿＿＿＿＿　日期＿＿＿＿＿＿　实验成绩＿＿＿＿＿＿＿＿＿

一、实验目的

二、实验仪器

三、实验电路图

四、预习内容

（1）当电路处于正弦稳态时，电阻的电压和电流的相量关系是＿＿＿＿＿＿＿＿＿＿，电感电压＿＿＿＿＿电感电流 90°，电容电压＿＿＿＿＿＿电容电流 90°。

（2）功率因数所代表的物理含义是＿＿＿＿＿＿＿＿＿＿＿＿＿＿，其中 φ 是＿＿＿＿＿＿＿＿＿。

（3）功率表由电压线圈和电流线圈组成，接线时，电压线圈＿＿＿＿＿＿接入电路，电流线圈＿＿＿＿＿＿＿接入电路。

（4）查阅资料，简述日光灯启辉原理。

(5) 为了提高电路的功率因数, 常在感性负载上并联电容, 此时增加了一条电流支路, 电路的总电流是增大了还是减小了? 此时感性元件上的电流和功率是否改变? 为什么?

(6) 通过并联电容提高功率因数时, 是否电容越大功率因数越大? 为什么?

五、实验原始数据记录

(1) 以白炽灯泡作为负载, 将测得的数据填入表 7-14 中。

表 7-14　白炽灯泡电路数据表

测 量 值			计 算 值		
U/V	U_R/V	U_C/V	U	ΔU	$\Delta U/U$
I/A	P/W	$\cos\varphi$			

(2) 以日光灯作为负载, 在不连接电容和并联电容两种情况下进行测量, 将数据分别填入表 7-15 和表 7-16 中。

表 7-15　电容不接入电路

测 量 值						计 算 值	
P/W	I/A	U/V	U_L/V	U_A/V	$\cos\varphi$	U_L相量角	r/Ω

表 7-16　并联电容改善功率因数

测 量 值										计算值
$C/\mu F$	P/W	U/V	U_C/V	U_L/V	U_A/V	I/A	I_C/A	I_L/A	$\cos\varphi$	I/A

六、实验数据处理

根据实验数据(表 7 - 14～表 7 - 16),分别画出对应于 3 个电路的电压、电流相量图,并详细写出表格中计算值的计算过程及结果,验证相量形式的基尔霍夫电压、电流定律。

七、误差分析与实验结论

实验七 *RLC* 串联谐振电路的研究

姓名_____   班级_____   学号_____   班级序号_____
台号_____   日期_____   实验成绩 _____

一、实验目的

二、实验仪器

三、实验电路图

四、预习内容

（1）计算电路谐振频率的理论值。

（2）U_L、U_C的最大值出现在什么位置（谐振频率的左边或右边）？最大值是否比 U_S 大？

（3）说明串联谐振的特征。

（4）改变电路的哪些参数可以使电路发生谐振？电路中 R 的数值是否影响谐振频率？

（5）测试谐振点的方案有哪些？

（6）电路发生串联谐振时，为什么输入电压 U 不能太大？如果信号源给出 1V 的电压，则电路谐振时，用交流毫伏表测 U_L、U_C，应该选用多大的量程？为什么？

（7）要提高 RLC 串联电路的品质因数，电路参数应如何改变？

五、实验原始数据记录

（1）当 $R=200\ \Omega$，$L=30\ \text{mH}$，$C=0.01\mu\text{F}$ 时，测量表 7 - 17 中的数据。

表 7 - 17　幅频特性实验数据一

f/kHz	6.5	7	7.5	8	8.5	f_0	10	10.5	11	11.5	12
U_R/V											
U_L/V											
U_C/V											

（2）当 $R=1000\ \Omega$，$L=30\ \text{mH}$，$C=0.01\ \mu\text{F}$ 时，测量表 7 - 18 中的数据。

表 7 - 18　幅频特性实验数据二

f/kHz	4	5	6	7	8	f_0	10	11	12	13	14
U_R/V											
U_L/V											
U_C/V											

六、实验数据处理

（1）电路谐振时，根据表格中的测量数据，比较输出电压 U_R 与输入电压 U 是否相等，U_L 和 U_C 是否相等，试分析原因。

（2）根据测量数据，画出不同 Q 值的幅频特性曲线，并分析两条曲线的区别。

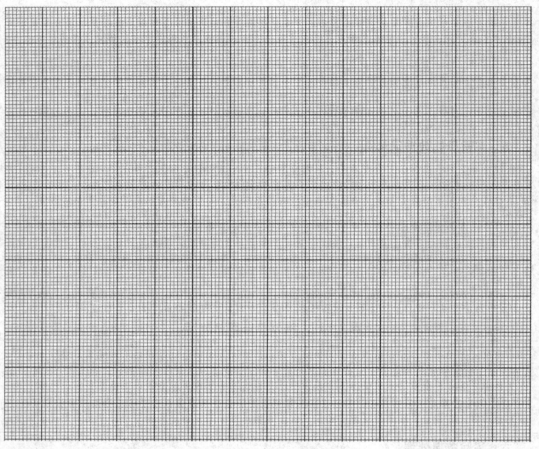

（3）计算通频带带宽的测量值与品质因数 Q 的理论值，说明不同的 R 值对电路通频带与品质因数有何影响。

（4）用两种不同测 Q 值的方法计算 Q 的测量值，并与理论值进行比较，分析误差原因。

七、误差分析与实验结论

实验八　三相电路电压、电流的测量

姓名＿＿＿＿＿＿　　班级＿＿＿＿＿＿　　学号＿＿＿＿＿＿　　班级序号＿＿＿＿＿＿

台号＿＿＿＿＿＿　　日期＿＿＿＿＿＿　　实验成绩＿＿＿＿＿＿＿＿

一、实验目的

二、实验仪器

三、实验电路图

四、预习内容

（1）预习本实验的相关原理。

（2）三相负载根据什么原则作星形或三角形连接？本实验为什么将三相电源线电压设定为 220 V？

（3）三相负载按星形或三角形连接，它们的线电压与相电压、线电流与相电流有何关系？当三相负载对称时又有何关系？

（4）说明在三相四线制供电系统中中线的作用。中线上能安装保险丝吗？为什么？

五、实验原始数据记录

（1）三相负载为星形连接时，将测量数据填入表 7－19 中。

表 7－19　负载为星形连接时的实验数据

中线连接	开关状态	负载相电压/V			电流/A				$U_{NN'}$/V	亮度比较 A、B、C
		U_A	U_B	U_C	I_A	I_B	I_C	I_N		
有	$S_1 \sim S_6$ 闭合								—	
	S_1、S_2、S_4、S_5、S_6 闭合，S_3 断开								—	
	S_1、S_2、S_6 闭合，$S_3 \sim S_5$ 断开								—	
无	S_1、S_2、S_6 闭合，$S_3 \sim S_5$ 断开								—	
	S_1、S_2、S_4、S_5、S_6 闭合，S_3 断开								—	
	$S_1 \sim S_6$ 闭合								—	

（2）三相负载为三角形连接时，将数据填入表 7－20 中。

表 7－20　负载为三角形连接时的实验数据

开关状态	相电压/V			线电流/A			相电流/A			亮度比较
	U_{AB}	U_{BC}	U_{CA}	I_A	I_B	I_C	I_{AB}	I_{BC}	I_{CA}	
$S_1 \sim S_6$ 闭合										
S_1、S_2、S_6 闭合，$S_3 \sim S_5$ 断开										

六、实验数据处理

（1）根据实验数据，负载为星形连接时，$U_L = \sqrt{3} U_P$ 在什么条件下成立？负载为三角形连接时，$I_L = \sqrt{3} I_P$ 在什么条件下成立？

（2）通过实验数据以及观察到的现象，总结三相四线制供电系统中中线的作用。

（3）不对称三角形连接中的负载能否正常工作？实验是否能证明这一点？

（4）根据对称负载为三角形连接时的实验数据，画出各相电压、相电流和线电流的相量图，并证明实验数据的正确性。

七、误差分析与实验结论

实验九　三相异步电动机的正反转控制线路

姓名_____　　班级_____　　学号_____　　班级序号_____

台号_____　　日期_____　　实验成绩_____

一、实验目的

二、实验仪器

三、实验电路图

四、预习内容

（1）预习本实验相关理论知识。

（2）什么是自锁？实验电路图中哪部分是自锁电路？自锁的意义是什么？

（3）什么是互锁？在实验电路图中，接触器和按钮是如何实现双重互锁的？

（4）为什么要实现双重互锁？其意义何在？

五、实验现象描述

在上述实验中，观察电动机在转换过程中会出现什么情况，与"正—停—反"过程有什么区别，并分析原因。

六、实验结论

7.2　模拟电子实验部分

实验一　单级交流放大电路

姓名_____　　　班级_____　　　学号_____　　　班级序号_____

台号_____　　　日期_____　　　实验成绩_____

一、实验目的

二、实验仪器

三、实验电路图

四、预习内容

(1) 了解用数字万用表测试三极管、电容的方法。

(2) 了解示波器、信号发生器的使用方法。

(3) 连接电路和排除故障的过程中可以带电操作吗？

(4) 用数字万用表测量电阻可以带电操作吗？

五、实验原始数据记录

（1）将静态测量数据填入表 7 – 21 中。

表 7 – 21　静态测量

实　　测			实测计算	
U_{BE}/V	U_{CE}/V	$R_p/k\Omega$	$I_B/\mu A$	I_C/mA

（2）将动态研究数据填入表 7 – 22 中。

表 7 – 22　动态研究

实　　测		实测计算	估算
U_i/mV	U_o/V	A_V	A_V

六、实验数据处理

波形图数据及相位比较如下：

七、误差分析与实验结论

实验二 射极跟随器电路

姓名_____ 班级_____ 学号_____ 班级序号_____
台号_____ 日期_____ 实验成绩 _____

一、实验目的

二、实验仪器

三、实验电路图

四、预习内容

(1) 了解用数字万用表测试三极管、电容的方法。

(2) 了解示波器、信号发生器的使用方法。

(3) 连接电路和排除故障的过程中可以带电操作吗？

(4) 用数字万用表测量电阻可以带电操作吗？

五、实验原始数据记录

(1) 将静态工作点的测量数据填入表 7 - 23 中。

表 7 - 23 静态工作点测量

U_E/V	U_B/V	U_C/V	$I_E = \dfrac{U_E}{R_e}$	R_P	I_B	β	r_{be}

(2) 测量电压放大倍数 A_v，填入表 7-24 中。

表 7-24　测量动态放大倍数

U_i/V	U_L/V	$A_v = \dfrac{U_L}{U_i}$	$A_{V(估)}$ $(R_L = 1 \text{ k}\Omega)$

(3) 测量输出电阻 R_o，填入表 7-25 中。

表 7-25　测量输出电阻

U_i/mV	U_o/mV	U_L/mV	$R_o = \left(\dfrac{U_o}{U_L} - 1\right)R_L$	$R_{o(估)}$

(4) 测量放大电路的输入电阻 R_i（采用换算法），填入表 7-26 中。

表 7-26　测量输入电阻

U_S/V	U_i/V	$R_i = \dfrac{R_S}{\dfrac{U_S}{U_i} - 1}$	$r_{i(估)}$

(5) 测量射极跟随电路的跟随特性并测量输出电压峰峰值 $U_{OP\text{-}P}$，填入表 7-27 中。

表 7-27　测量动态输出电压

测量内容	1	2	3	4
U_i（峰值）				
U_L				
$U_{oP\text{-}P}$				
A_V				

六、实验数据处理

波形图数据及相位比较如下：

七、误差分析与实验结论

实验三　比例、求和运算电路

姓名＿＿＿＿＿＿　　班级＿＿＿＿＿＿　　学号＿＿＿＿＿＿　　班级序号＿＿＿＿＿＿

台号＿＿＿＿＿＿　　日期＿＿＿＿＿＿　　实验成绩＿＿＿＿＿＿＿＿

一、实验目的

二、实验仪器

三、实验电路图

四、预习内容

（1）了解用数字万用表测量电压的方法。

（2）了解示波器、信号发生器的使用方法。

（3）掌握反相（同相）比例放大电路的运放饱和输出。

五、实验原始数据记录

(1) 将电压跟随器的测量数据填入表 7 – 28 中。

表 7 – 28　电压跟随器测量

U_i/V		−2	−0.5	0	+0.5	1
U_o/V	$R_L = \infty$					
	$R_L = 5.1\ k\Omega$					

(2) 将反相比例放大电路的测量数据填入表 7 – 29 和表 7 – 30 中。

表 7 – 29　反相比例放大电路测量(一)

直流输入电压 U_i/mV		30	100	300	1000	3000
输出电压 U_o	理论估算/V					
	实际值/V					
	误差/mV					

表 7 – 30　反相比例放大电路测量(二)

测量电压	测试条件	理论估算值	实测值
ΔU_o			
ΔU_{AB}	R_L 开路，直流输入信号 U_i 由 0 变为 800 mV		
ΔU_{R2}			
ΔU_{R1}			
ΔU_{oL}	R_L 由开路变为 5.1 kΩ，$U_i = 800$ mV		

(3) 将同相比例放大电路的测量数据填入表 7 – 31 和表 7 – 32 中。

表 7 – 31　同相比例放大电路测量(一)

直流输入电压 U_i/mV		30	100	300	1000	3000
输出电压 U_o	理论估算/V					
	实际值/V					
	误差/mV					

表 7 – 32　同相比例放大电路测量(二)

测量电压	测试条件	理论估算值	实测值
ΔU_o			
ΔU_{AB}	R_L 开路，直流输入信号 U_i 由 0 变为 800 mV		
ΔU_{R2}			
ΔU_{R1}			
ΔU_{oL}	R_L 由开路变为 5.1 kΩ，$U_i = 800$ mV		

（4）将反相求和放大电路的测量数据填入表 7-33 中。

表 7-33　反相求和放大电路测量

U_{i1}/V	0.3	-0.3
U_{i2}/V	0.2	0.2
U_o/V		
$U_{o(估)}/V$		

（5）将双端输入求和放大电路的测量数据填入表 7-34 中。

表 7-34　双端输入求和放大电路

U_{i1}/V	1	2	0.2
U_{i2}/V	0.5	1.8	-0.2
U_o/V			
$U_{o(估)}/V$			

六、误差分析与实验结论

实验四　积分与微分电路

姓名＿＿＿＿＿＿＿　班级＿＿＿＿＿＿＿　学号＿＿＿＿＿＿＿　班级序号＿＿＿＿＿＿＿

台号＿＿＿＿＿＿＿　日期＿＿＿＿＿＿＿　实验成绩＿＿＿＿＿＿＿＿＿

一、实验目的

二、实验仪器

三、实验电路图

四、预习内容

（1）了解用数字万用表测量三极管、电容的方法。

（2）了解示波器、信号发生器的使用方法。

（3）积分电路输出信号如何减少直流偏移？

（4）微分电路如何消除自激振荡？

五、实验原始数据记录

（1）积分电路。

（2）微分电路。

（3）积分-微分电路。

六、误差分析与实验结论

实验五　电压比较器

姓名＿＿＿＿＿＿　　班级＿＿＿＿＿＿　　学号＿＿＿＿＿＿　班级序号＿＿＿＿＿＿

台号＿＿＿＿＿＿　　日期＿＿＿＿＿　　实验成绩＿＿＿＿＿＿＿＿

一、实验目的

二、实验仪器

三、实验电路图

四、预习内容

（1）了解用数字万用表测量三极管、电容的方法。

（2）了解示波器、信号发生器的使用方法。

（3）如何使用示波器测量阈值电压？

五、实验原始数据记录

（1）过零比较器。

（2）反相滞回比较器。

（3）同相滞回比较器。

六、误差分析与实验结论

实验六　互补对称功率放大电路

姓名_____　　班级_____　　学号_____　　班级序号_____

台号_____　　日期_____　　实验成绩_____

一、实验目的

二、实验仪器

三、实验电路图

四、预习内容
互补对称功率放电电路由哪两部分电路组成？

五、实验原始数据记录

本电路由两部分组成(见图 4-18):一部分是由 V_1 组成的共射放大电路,为甲类功率放大;另一部分是互补对称功率放大电路,采用 VD_1、VD_2、R_4、R_5 使 V_2、V_3 处于临界导通状态,以消除交越失真现象,为准乙类功率放大电路。实验结果如下:

(1) $U_{CC}=12.14$ V,$U_M=5.97$ V 时测量静态工作点(见表 7-35),然后输入频率为 5 kHz 的正弦波,调节输入幅值使输出波形最大且不失真(以下输入、输出值均为峰值)。

表 7-35　静态工作点

三极管	U_B/V	U_C/V	U_E/V	U_i	$R_L=+\infty$	$R_L=5.1$ kΩ	$R_L=8$ Ω
V_1							
V_2							
V_3							

输出功率、总功率、输出效率的计算公式如下:

$$P_o(8\Omega) = \frac{\left(\dfrac{U_o}{\sqrt{2}}\right)^2}{R_L} = 160 \text{ mW}, \ P = I \cdot U_{CC} = 779.4 \text{ mW}, \ \eta = \frac{P_o}{P} \approx 20.5\%$$

(2) $U_{CC}=9.02$ V,$U_M=4.50$ V 时测量静态工作点(见表 7-36),然后输入频率为 5 kHz 的正弦波,调节输入幅值使输出波形最大且不失真(以下输入、输出值均为峰值)。

表 7-36　静态工作点调整(一)

三极管	U_B/V	U_C/V	U_E/V	U_i	$R_L=+\infty$	$R_L=5.1$ kΩ	$R_L=8$ Ω
V_1							
V_2							
V_3							

输出功率、总功率、输出效率的计算公式如下:

$$P_o(8\Omega) = \frac{\left(\dfrac{U_o}{\sqrt{2}}\right)^2}{R_L} = 75.6 \text{ mW}, \ P = I \cdot U_{CC} = 410.4 \text{ mW}, \ \eta = \frac{P_o}{P} \approx 18.42\%$$

(3) $U_{CC}=6$ V,$U_M=2.99$ V 时测量静态工作点(见表 7-37),然后输入频率为 5 kHz 的正弦波,调节输入幅值使输出波形最大且不失真(以下输入、输出值均为峰值)。

表 7-37　静态工作点调整(二)

三极管	U_B/V	U_C/V	U_E/V	U_i	$R_L=+\infty$	$R_L=5.1$ kΩ	$R_L=8$ Ω
V_1							
V_2							
V_3							

输出功率、总功率、输出效率的计算公式如下:

$$P_{\text{o}}(8\ \Omega) = \frac{\left(\dfrac{U_{\text{o}}}{\sqrt{2}}\right)^2}{R_{\text{L}}} = 26.8\ \text{mW},\ P = I \cdot U_{\text{CC}} = 157.8\ \text{mW},\ \eta = \frac{P_{\text{o}}}{P} \approx 16.98\%$$

六、误差分析与实验结论

7.3　数字电子实验部分

实验一　门电路逻辑功能及应用

姓名_____　　　　班级_____　　　　学号_____　　　班级序号_____

台号_____　　　　日期_____　　　　实验成绩_____

一、实验目的

二、实验仪器

三、实验电路图

(1) 第 5.1 节的实验内容（4）中①逻辑表达式：

第 5.1 节的实验内容（4）中①电路图：

(2) 第 5.1 节的实验内容（4）中②逻辑表达式：

第 5.1 节的实验内容（4）中②电路图：

四、预习内容

（1）怎样判断门电路逻辑功能是否正常？

（2）与非门一个输入接连续脉冲，其余端什么状态时允许脉冲通过？什么状态时禁止脉冲通过？

（3）异或门又称可控反相门，为什么？

五、实验原始数据记录

（1）测试门电路的逻辑功能，并填表 7 - 38。

表 7 - 38　与非门逻辑功能测试输出显示

输　入				输　出	
1	2	4	5	Y	电压/V
H	H	H	H		
L	H	H	H		
L	L	H	H		
L	L	L	H		
L	L	L	L		

（2）测试异或门的逻辑功能，并填表 7 - 39。

表 7 - 39　异或门逻辑功能测试输出显示

输　入				输　出			
1	2	4	5	A	B	Y	电压/V
L	L	L	L				
H	L	L	L				
H	H	L	L				
H	H	H	L				
H	H	H	H				
L	H	L	H				

（3）利用与非门控制输出，并填表 7 - 40。

表 7 - 40　利用与非门控制输出显示

输入 S	图 5 - 3(a) 输出 Y 是否有脉冲信号（是/否）	图 5 - 3(b) 输出 Y 是否有脉冲信号（是/否）
H		
L		

（4）设计用与非门组成其他门电路。

① 组成或非门，并填表 7 - 41。

表 7 - 41　与非门组成的或非门输出显示

输　入		输　出
A	B	Y
0	0	
0	1	
1	0	
1	1	

② 组成异或门(只能用一片 74LS00),并填表 7 - 42。

表 7 - 42　与非门组成的异或门输出显示

输　入		输　出
A	B	Y
0	0	
0	1	
1	0	
1	1	

(5) 逻辑门传输延迟时间的测量。

测量值记录:$t_{phd} = $ _____ , $t_{pld} = $ _____ 。

六、实验数据处理

计算结果:$\bar{t}_{pd} = \left[(t_{phd} + t_{pld})/2 \right]/6 = $ _____ 。

七、误差分析与实验结论

实验二　组合逻辑电路分析

姓名＿＿＿＿＿＿　　班级＿＿＿＿＿＿　　学号＿＿＿＿＿＿　　班级序号＿＿＿＿＿

台号＿＿＿＿＿＿　　日期＿＿＿＿＿＿　　实验成绩＿＿＿＿＿＿＿＿

一、实验目的

二、实验仪器

三、实验电路图

（1）第 5.2 节的实验内容（4）的逻辑表达式：

$S_i =$

$C_i =$

（2）第 5.2 节的实验内容（4）的电路图。

四、预习内容

（1）半加器和全加器的区别是什么？

（2）使用 74LS54 时需要注意哪些问题？

五、实验原始数据记录

(1) 测试组合逻辑电路的功能，并填表 7 - 43。

$Y_1 =$

$Y_2 =$

表 7 - 43　组合逻辑电路功能测试输出结果

输　入			计算输出		实验输出	
A	B	C	Y_1	Y_2	Y_1	Y_2
0	0	0				
0	0	1				
0	1	1				
1	1	1				
1	1	0				
1	0	0				
1	0	1				
0	1	0				

(2) 测试用异或门(74LS86)和与非门(74LS00)组成的半加器的逻辑功能，并填表 7 - 44。

表 7 - 44　半加器测试输出显示

输入端	A	0	1	0	1
	B	0	0	1	1
输出端	Y				
	Z				

(3) 测试全加器的逻辑功能。

① 写出图 5 - 8 所示电路的逻辑表达式。

$Y =$

$Z =$

$X_1 =$

$X_2 =$

$X_3 =$

$S_i =$

$C_i =$

② 根据逻辑表达式列真值表，填写到表 7 - 45 中。

表 7 - 45　全加器真值表

A_i	B_i	C_{i-1}	Y	Z	X_1	X_2	X_3	S_i	C_i
0	0	0							
0	1	0							
1	0	0							
1	1	0							
0	0	1							
0	1	1							
1	0	1							
1	1	1							

③ 根据真值表画逻辑函数 $S_i C_i$ 的卡诺图。

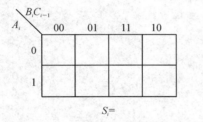 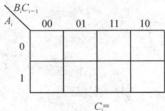

图 7 - 2　全加器卡诺图

④ 按原理图选择与非门并接线进行测试，将测试结果记入表 7 - 46 中。将表 7 - 46 与表 7 - 45 进行比较并分析其逻辑功能是否一致。

表 7 - 46　全加器输出显示

A_i	B_i	C_{i-1}	S_i	C_i
0	0	0		
0	1	0		
1	0	0		
1	1	0		
0	0	1		
0	1	1		
1	0	1		
1	1	1		

（4）用一片异或门（74LS86）、一片与或非门（74LS54）和一片与非门（74LS00）设计构成一位全加器并测试逻辑功能，填表 7 - 47。

表 7 - 47　新设计全加器的输出显示

输入端	A_i	0	0	0	0	1	1	1	1
	B_i	0	0	1	1	0	0	1	1
	C_{i-1}	0	1	0	1	0	1	0	1
输出端	S_i								
	C_i								

六、误差分析与实验结论

实验三　用 Multisim 仿真集成电路触发器

姓名＿＿＿＿＿＿　　班级＿＿＿＿＿＿　　学号＿＿＿＿＿＿　　班级序号＿＿＿＿＿＿
台号＿＿＿＿＿＿　　日期＿＿＿＿＿＿　　实验成绩＿＿＿＿＿＿＿＿

一、实验目的

二、实验仪器

三、实验电路图

四、预习内容

（1）预习本实验相关理论知识。

（2）触发器按照逻辑功能分为几类？分别是什么？

（3）自行查阅资料预习 D 触发器 74LS47 芯片的相关内容。

（4）D 触发器的特性方程是什么？

（5）自行查阅资料预习 JK 触发器 74LS112 芯片的相关内容。

（6）JK 触发器的特性方程是什么？

五、实验原始数据记录

将 D 触发器和 JK 触发器的测试数据分别填入表 7 - 48 和表 7 - 49 中。

表 7 - 48　D 触发器

CLK	PR	CLR	D	Q^n	Q^{n+1}
上升沿	0	1			
	1	0			
	1	1			
	1	1			
	1	1			
	1	1			

表 7 - 49　JK 触发器

CLK	PR	CLR	J	K	Q^n	Q^{n+1}
下降沿	0	1				
	1	0				
	1	1				
	1	1				
	1	1				
	1	1				
	1	1				
	1	1				
	1	1				

六、误差分析与实验结论

实验四　不同进制计数器构成及译码显示

姓名_____　　　班级_____　　　学号_____　　　班级序号_____
台号_____　　　日期_____　　　实验成绩_____

一、实验目的

二、实验仪器

三、实验电路图
(1) 六进制计数器电路图。

(2) 十进制计数器电路图。

四、预习内容
(1) 数码管共有多少个引脚？它的 3 号、8 号引脚具有什么功能？

(2) 74LS47 芯片的功能是什么？它的控制端有几个，分别是什么？

(3) 74LS161 是什么类型的计数器？它是同步置数还是异步置数？

五、实验原始数据记录

（1）测试数字显示电路的功能，并填表 7-50。

表 7-50　数字显示实验输出结果

DCBA	（1）亮段显示	（2）亮段显示	（3）亮段显示	（4）亮段显示	4 号引脚电平
0000					
0001					
0010					
0011					
0100					
0101					
0110					
0111					
1000					
1001					
1010					
1011					
1100					
1101					
1110					
1111					

（2）完成计数译码显示实验，将显示情况记录在表 7-51 中。

表 7-51　计数译码显示记录表

脉冲	1	2	3	4	5	6	7	8	9	10	11	12	13	14	15	16
显示情况																

（3）采用置数法改变计数制，实现六进制和十进制的计数器。

① 将六进制显示情况记录在表 7-52 中。

表 7-52　六进制显示情况记录表

脉冲	1	2	3	4	5	6	7	8	9	10	11	12	13	14	15	16
显示情况																

② 将十进制显示情况记录在表 7 - 53 中。

表 7 - 53　十进制显示情况记录表

脉冲	1	2	3	4	5	6	7	8	9	10	11	12	13	14	15	16
显示情况																

六、误差分析与实验结论

实验五　555 时基电路及应用

姓名_____　　班级_____　　学号_____　班级序号_____

台号_____　　日期_____　　实验成绩_____

一、实验目的

二、实验仪器

三、实验电路图

第 5.5 节的实验内容(2)中③选用的元件。

R_1:　　　　　　　　　　R_2:

C_1:　　　　　　　　　　C_2:

第 5.5 节的实验内容(2)中③电路图的设计。

四、预习内容

(1) 简述 555 时基电路的功能。

(2) 用 555 时基电路构成多谐振荡电路的振荡频率的计算公式。

(3) 用 555 时基电路构成单稳态触发器的暂稳态时间的计算公式。

五、实验原始数据记录

（1）测试 555 时基电路的功能，并填表 7-54。

表 7-54　测试输出情况

输入端			输出端		
TH	$\overline{\text{TR}}$	$\overline{\text{R}}$	OUT	DIS	测试情况
$\times$	$\times$	L	L	导通	
$>2U_{cc}/3$	$>U_{cc}/3$	H	L	导通	
$<2U_{cc}/3$	$>U_{cc}/3$	H	原状态	原状态	
$<2U_{cc}/3$	$<U_{cc}/3$	H	H	关断	

（2）555 时基电路构成多谐振荡器。

① 测量值＝

　　计算值＝

　　相对误差＝

② 测量值＝

　　计算值＝

　　相对误差＝

③ 测量值＝

　　计算值＝

　　相对误差＝

（3）555 构成的单稳态触发器。

① 图 5-20 中，$R=5.1\ \text{k}\Omega$，$C_1=0.01\ \mu\text{F}$，$C_2=0.1\ \mu\text{F}$，当输入频率约为 25 kHz 的方波时，用双踪示波器观察 OUT 端相对于 U_i 的波形，并测出输出脉冲的宽度 T_w。

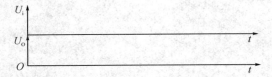

输出脉冲宽度 $T_w=$

② 调节 U_i 的频率为 50 kHz，分析并记录观察 OUT 端波形的变化。

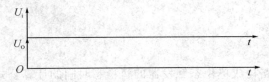

输出脉冲宽度 $T_w=$

（3）若想使 $T_w = 10\ \mu s$，应怎样调整电路？计算出此时各有关的参数值。

当 R 不变时，C_1 应怎样调整？

当 C_1 不变时，R 应怎样调整？

六、误差分析与实验结论

附　　录

附录 A　电路实验仪器介绍

　　电路实验室主要使用的仪器有电工电子教学实验台、数字示波器、1 号实验箱、2 号实验箱。电工电子教学实验台是最主要的实验设备，如图 A－1 所示，它由不同的模块组成，提供了各种电源、电表、电路，是针对直流电路、交流电路、电机控制等实验所设计的专用实验台。其主要部分由不同的电路挂箱组件组成，电路挂箱可自由拆卸，能够满足多个实验项目的需要。

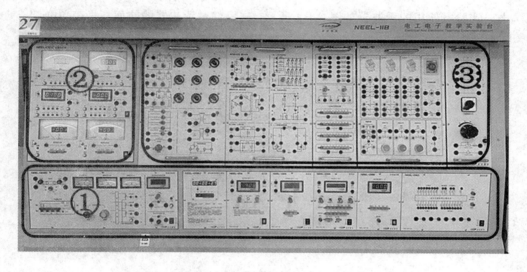

①—电源部分；②—电表部分；③—电路挂箱部分

图 A－1　电工电子教学实验台

　　实验台可分为三部分：电源部分、电表部分和电路挂箱部分。电源部分主要有三相交流电源、直流电机电源、直流稳压电源、恒流源；电表部分包括直流电压表、直流电流表、交流电压表、交流电流表、功率/功率因数表；电路挂箱部分主要提供各类电气元件，例如电阻、电容、电感、二极管、稳压管、白炽灯、荧光灯、接触器、按钮、开关等。此外，每个实验台还备有实验中需要用到的各类导线、电动机、计算机等。

　　1、2 号实验箱主要提供电阻、电容、电感、变阻器、测电流插孔等电气元件，用于补充实验台元器件不足的部分，如图 A－2 和图 A－3 所示。实验时，需要根据指导书的要求，在有必要时选用 1、2 号实验箱用于实验。其中，1 号实验箱主要有电阻、电容、电感、变阻器等基本元件，2 号实验箱主要包括测电流插孔和电容器组。

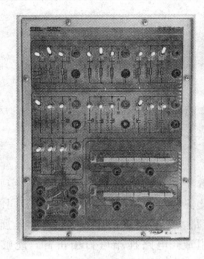
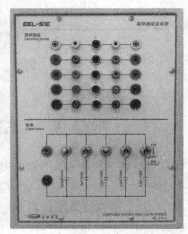

图 A-2　1号实验箱　　　　　　　　　　图 A-3　2号实验箱

　　电路实验室使用的示波器如图 A-4 所示，这里仅对示波器的前面板做简单介绍，见表 A-1。

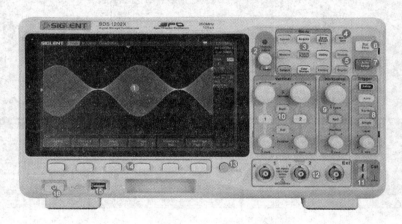

图 A-4　数字示波器

表 A-1　示波器前面板功能介绍

编号	说　明	编号	说　明
1	屏幕显示区	9	水平控制系统
2	多功能旋钮	10	垂直通道控制区
3	自动设置常用功能区	11	补偿信号输出端/接地端
4	内置信号源	12	模拟通道输入端
5	解码功能选件	13	打印键
6	停止/运行	14	菜单软键
7	自动设置	15	USB Host 端口
8	触发控制系统	16	电源软开关

下面根据电路实验的顺序对各电路板进行详细介绍。

实验 A.1　基尔霍夫定律的验证

本实验使用的仪器是电路挂箱 NEEL-003A 组件(基尔霍夫定律/叠加定理模块)、直流稳压电源、直流电压表、直流电流表。电路挂箱如图 A-5 所示。

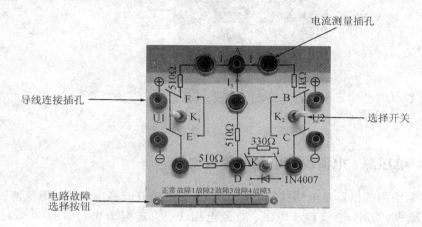

图 A-5　NEEL-003A(部分)

直流电表由直流电压表和直流电流表组成，如图 A-6 所示。电压表量程为 0～300 V，电流表量程为 0～200 mA(在实验过程中不要使用 2A 量程)。两个电表都有超量程断电保护装置，以防止量程选择偏小时烧坏电表。

电压源为双路直流稳压电源，如图 A-7 所示。该电压源正常可提供两个电压源同时工作，可输出的最大电压为 30 V。在一定的电压电流范围内，该电压源可视作理想电源。电源上的输出调节旋钮可以调节输出电压，输出显示可通过电源上的电压表观察到。

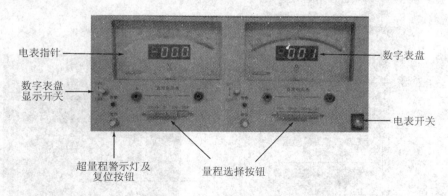

图 A-6　直流电压、电流表

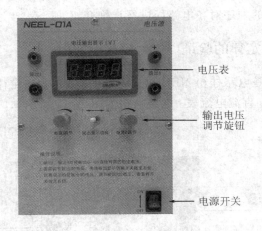

图 A-7　双路直流稳压电源

实验 A.2　电压源、电流源及电源的等效变换

　　本次实验使用的仪器是电路挂箱 NEEL-23A 组件、直流稳压电源、恒流源、直流电压表、直流电流表。其中,直流稳压电源、直流电压表、直流电流表在实验 A.1 已经介绍过了,这里不再重复介绍,下面重点介绍电路挂箱和恒流源。电路挂箱如图 A-8 所示。

　　恒流源可提供稳定的输出电流,在一定的电压电流范围内可视作理想电流源,其最大输出电流为 200 mA。调节输出电流时,可通过电流源上的电流表观察输出显示。恒流源如图 A-9 所示。

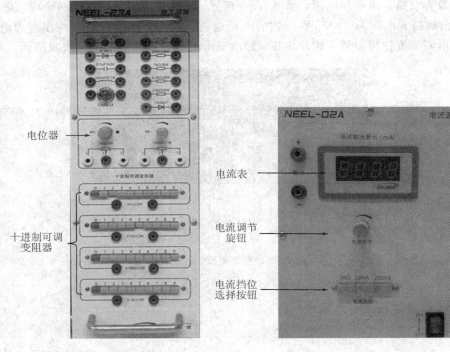

图 A-8　电路挂箱 NEEL-23A　　　　图 A-9　恒流源

实验 A.3 线性电路叠加性和齐次性的验证

本实验使用的仪器是电路挂箱 NEEL-003A 组件(基尔霍夫定律/叠加定理模块)、直流稳压电源、直流电压表、直流电流表。关于这些元器件的使用,请参照附录 A 实验 A.1。

实验 A.4 戴维宁定理和诺顿定理的验证

本实验使用的仪器是电路挂箱 NEEL-003A 组件(戴维宁定理/诺顿定理模块)、直流稳压电源、恒流源、直流电压表、直流电流表。NEEL-003A 组件(戴维宁定理/诺顿定理模块)如图 A-10 所示,虚线框内为有源二端网络内部结构,需要接入两个元器件,其中至少有一个是独立电源,开关 S 向上拨表示该处断路,向下拨则该处短路。

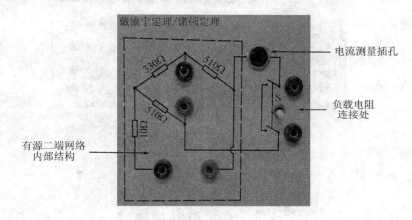

图 A-10 NEEL-003A(部分)

实验 A.5 *RC* 一阶电路的响应测试

本实验使用的仪器是 1 号实验箱和数字示波器(含内置信号源),如图 A-2 和图 A-4 所示。实验电路中的电阻、电容均由 1 号实验箱的固定电阻和电容部分提供,电路的激励方波信号通过数字示波器的内置信号源输出,实验要求观察的电容电压、电阻电压波形用数字示波器观察。

实验 A.6 正弦稳态交流电路相量的研究

本实验使用的仪器是 30 W 镇流器、启辉器、电容器组、2 号实验箱、白炽灯、荧光灯、三相电源、交流电压、电流表、功率/功率因数表。2 号实验箱如图 A-3 所示,实验中需要使用实验箱上的电流测量插孔。

三相电源电路板如图 A-11 所示,它可提供 AC220V/380V 电压。为了人身安全和仪器安全,三相电源装有过流保护装置和保险丝,一旦发生过流现象,过流保护装置会自动切断电源,同时警示灯亮起显示过流。做实验时要自行调节电源输出电压,调压旋钮在实验台左侧。三相电源上方是荧光灯的四个接线柱,做实验时需要将开关调到"实验"一侧。

实验中需要分别以白炽灯灯泡和荧光灯作为负载,采用并联电容的方式改善功率因数。连接荧光灯时，启辉器需要并联到荧光灯两侧，在启动初期连通电路，保证电路中有足够的电流。镇流器需要串联到荧光灯支路，起稳定电流的作用，在启动初期还能增加荧光灯两端的电压，以加快荧光灯的启动过程。实验电路板如图 A - 12 所示。

交流电压/电流表、功率/功率因数表如图 A - 13 所示。功率/功率因数表由电压线圈和电流线圈组成，共四个接线柱，接线时电压线圈并联接入，电流线圈串联接入。量程也分为电压量程和电流量程，要根据功率表连接位置的电压和电流大小选择。当交流电表量程选择过小时，实验台会自动断电以防止电表超量程被烧坏，此时要通过电表的"复位"按钮恢复供电。

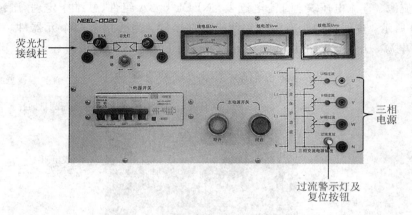

图 A - 11　三相电源电路板

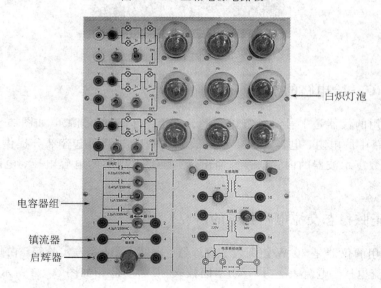

图 A - 12　实验电路板

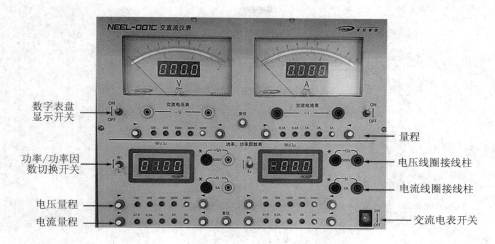

图 A-13　交流电压/电流表、功率/功率因数表

实验 A.7　*RLC* 串联谐振电路的研究

本实验使用的仪器是电路挂箱 NEEL-003A 组件（*RLC* 串联谐振电路）、数字示波器（含内置信号源）、交流毫伏表。

NEEL-003A 组件（*RLC* 串联谐振电路）如图 A-14 所示，电路连接内部已经完成，不需要重复接线，实验时只需将电路的激励（即示波器内置信号源提供输出的正弦信号）连接好。

交流毫伏表（见图 A-15）用于测量较小的交流电压信号。

图 A-14　*RLC* 串联谐振电路

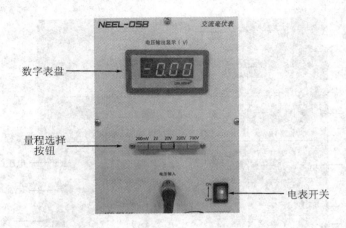

图 A - 15　交流毫伏表

实验 A.8　三相电路电压、电流的测量

本实验使用的仪器是电路挂箱 NEEL-17B 组件(白炽灯灯泡部分)、三相交流电源、交流电压、电流表。这些仪器的使用方法请参照实验 A.6。

实验 A.9　三相异步电动机正反转控制线路

本实验使用的仪器是三相异步电动机、三相交流电源、交流电压表、交流接触器(2个)、按钮开关(3个)。三相异步电动机如图 A - 16 所示。

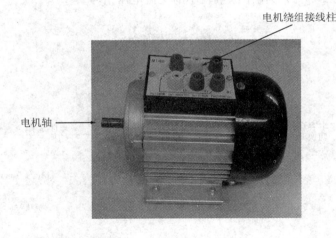

图 A - 16　三相异步电动机

交流接触器常用来接通和断开电动机或其他设备的主电路,如图 A - 17 所示。它主要由电磁铁和触点两部分组成,根据用途的不同,接触器的触点分为主触点和辅助触点两种。辅助触点通过电流较小,常接在电动机的控制电路中;主触点能通过较大的电流,接在电动机的主电路中。根据未通电时触点的状态,触点又可分为常开触点和常闭触点,常开触点在未通电时保持断开,常闭触点在未通电时保持接通。当电磁铁通电后,所有触点一起动作,常开触点闭合,常闭触点断开。

　　按钮开关通常用来接通或断开控制电路(其中电流较小)，从而控制电动机或其他电气设备的运行。电路实验室的按钮开关由按钮、一个常开触点和一个常闭触点组成，如图A－17所示。按下按钮开关的时候，所有触点一起动作，常开触点闭合，常闭触点断开。

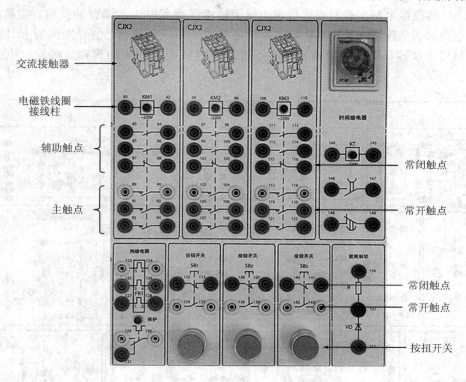

图 A－17　交流接触器和按钮开关

附录 B　模拟电路实验台介绍

　　YLSD 型模拟电路实验台可完成模拟电子技术课程和电工学课程的实验。实验台除配有通用电路插板、各类电子元器件散件外，还增加了数字示波器、信号发生器和计算机等通用测量仪表仪器，使实验台的实用性、通用性得到了进一步的提高。实验台电路图见图 B-1。

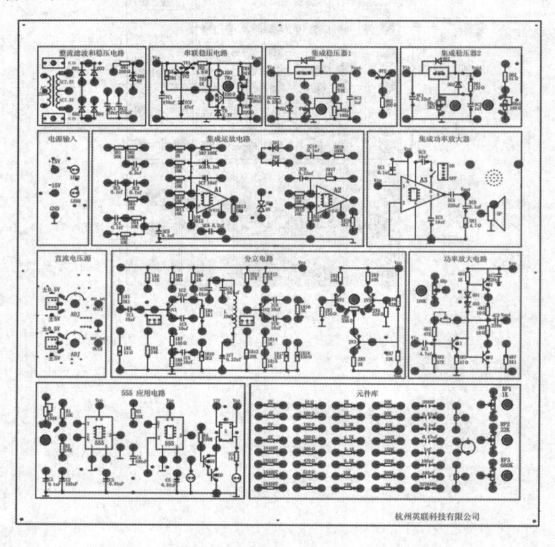

图 B-1　YLSD 型模拟电路实验台

附录 C　数字电路实验台介绍

　　YLSD 型数字电路实验台可完成数字电子技术课程和电工学课程的实验。实验台除配有通用电路插板、各类电子元器件散件外，还增加了数字示波器、信号发生器和计算机等通用测量仪表仪器，使实验台的实用性、通用性得到了进一步的提高。实验台电路图见图 C-1。

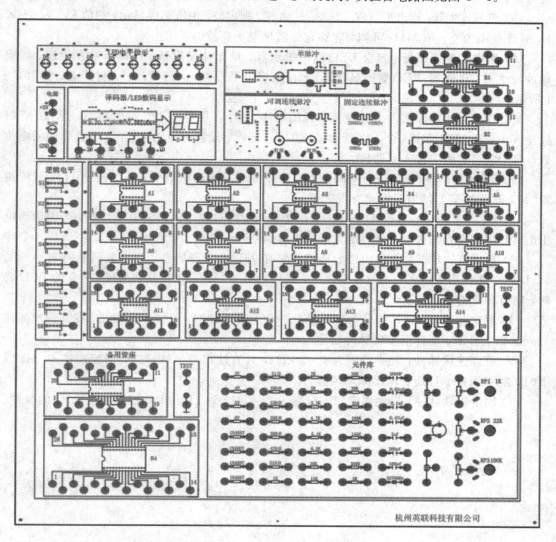

图 C-1　YLSD 型数字电路实验台

　　实验台由电流表、电压表、直流稳压电源、可调电源、示波器、信号发生器、数电实验线路板和实验桌等部分组成。

　　(1) 电流表：LED 数码管显示，输入阻抗小于 100 MΩ，量程自动切换，工业塑料外壳，嵌入式安装，交流 220 V 供电。

　　(2) 电压表：LED 数码管显示，输入阻抗大于 10 MΩ，量程自动切换，工业塑料外壳，嵌入式安装,交流 220 V 供电。

(3) 直流稳压电源:提供 3.3 V/1 A、5 V/1 A、12 V/0.5 A、15 V/0.5 A、24 V/0.5 A,各路电源均有短路软截止保护功能。

(4) 可调电源:智能数控稳压源,该电源采用高速度的微电脑控制,配有数显指示表、电压调节旋钮,采用先进的编码器调整,输出电流可调,具有过流、过压、过载、短路等多重保护。

(5) 信号发生器:输出正弦波、方波、三角波、锯齿波,由液晶屏显示,幅值 U_{PP} 为 0~20 V,频率范围为 0~10 MHz 可调,能够充分满足电子实验的需求。

(6) 数电实验线路板:包含 LED 电平指示器、单脉冲发生器、连续脉冲发生器、固定脉冲发生器、译码器/LED 数码显示器、8 位逻辑电平开关、元件管座、元件库等,如图 C-1 所示。

YLSD 型数字电路实验台共设置芯片的插座 18 个。其中,14 管脚插座 10 个,16 管脚插座 3 个,20 管脚插座 4 个,28 管脚插座 1 个。同时,设置有电阻、电容、二极管的插座位置,用于电路实验中接入元器件。

(1) 8 位逻辑电平开关(S1~S8):为实验提供所需的逻辑电平,开关拨至 H 端对应逻辑"1",开关拨至 L 端对应逻辑"0"。

(2) 8 位 LED 电平指示(D1~D8):用于指示电路过程中输出的电平状态,当输出高电平时,对应的发光二极管亮;当输入低电平或悬空时,发光二极管不亮。

(3) 数码管:具有 2 个共阳极数码管,配有 74LS247 译码器,每个数码管都有 A、B、C、D 四个通孔用于输入。无信号输入时,各段均处于"灭"状态;输入数字 0~9 的 BCD 码时,则有相应的显示。

(4) 单次脉冲源:脉冲源分为上升沿脉冲和下降沿脉冲,每按一次按钮,在其输出插孔分别送出上升沿、下降沿单次脉冲信号。

(5) 可调连续脉冲:频率范围为 1~3 kHz,具有输出指示灯(红),当频率在 40 Hz 以下时,能看到指示灯随着输出频率闪烁。

(6) 固定连续脉冲:提供固定频率分别为 25 kHz、50 kHz、100 kHz、200 kHz 的脉冲。

附录 D　常用电子器件的识别与简单测试

1. 压电陶瓷蜂鸣器

结构：在一片薄薄的瓷片两边贴上金属片，如图 D-1(a)所示。其中，压电陶瓷片起电声换能作用。蜂鸣器外形如图 D-1(b)所示。

功能：输入一定频率的脉冲信号便可发声。若所加脉冲符合它的谐振频率，则声音最响亮。

2. 组合蜂鸣器

(1) BDC 蜂鸣器：由蜂鸣器、脉冲发生器、音盒组成，只要在它的＋、－端加上 1.5 V以上的直流电压即发出响亮的声音。

(2) BAC 蜂鸣器：由蜂鸣器、音盒组成，在它的＋、－端加上矩形脉冲(频率约为1 kHz左右)即发出响亮的声音。

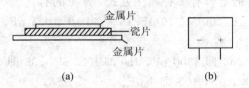

图 D-1　蜂鸣器结构图和外形图

3. 电阻色环的识别

小功率电阻在较多情况下使用色标法。色标的色码见表 D-1。

表 D-1　色标的色码

1	2	3	4	5	6	7	8	9	0
棕	红	橙	黄	绿	蓝	紫	灰	白	黑

电阻的色环分为三环、四环、五环三种。三环、四环是普通电阻，五环是精密电阻，如图 D-2 所示。

图 D-2　电阻色环图

三环色标：前两环为有效数字，第三环是乘数(10^n)。

四环色标：前两环为有效数字，第三环是乘数(10^n)，第四环是精密度标志，金色为 5％。

五环色标：前三环为有效数字，第四环是乘数(10^n)，第五环是精密度标志，棕色为 1％。

4. 电位器介绍

电位器是一种阻值连续可调的电阻。在电路中通过调节其滑动臂可使输出电位发生改变。电位器根据结构、形状和材料的不同，又有多种不同的类别。电位器对外有三个引出端，其中两个为固定端，一个为滑动端，原理如图 D-3(a)所示，A、C 是电位器两个定端，B 是滑动端。普通碳膜电位器、带开关电位器、微调电位器的外形如图 D-3(b)所示。

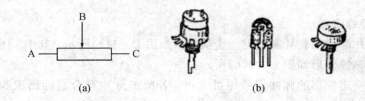

图 D-3　电位器原理图和外形图

5. 电容器

电容器按其是否有极性可分为有极性电容器和无极性电容器，详细种类见图 D-4。目前，在电子技术实验中经常用到这两种电容器。有极性电容器在外形上有"一"标注，使用中需看清标注再连接。

目前，在市场上出售的电容有多种标注方式，常见的有：

(1) 直标法：如 100 μF/100 V、10 μF/16 V、1 μF、0.1 μF、3300 pF 等，有的标出单位，有的不标。

(2) 乘数表示法：如 3n3 即 3300 pF，1n0 即 1000 pF，333 即 0.033 μF，474 即 0.47 μF，103 即 0.01 μF，104 即 0.1 μF，105 即 1 μF。

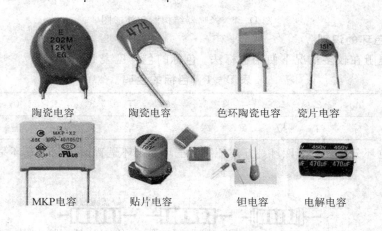

陶瓷电容　　　　陶瓷电容　　　　色环陶瓷电容　　　瓷片电容

MKP电容　　　　贴片电容　　　　钽电容　　　　电解电容

图 D-4　电容器种类

6. 半导体二极管、三极管的识别与简单测试

半导体二极管和三极管是组成分立元件电子电路的核心器件。二极管具有单向导电性，可用于整流、检波、稳压、混频电路中。三极管对信号具有放大作用和开关作用。它们的管壳上都印有规格和型号。其型号命名法见表 D-2。

1) 二极管的识别与简单测试

(1) 普通二极管一般为玻璃封装和塑料封装两种，它们的外壳上印有型号和标记。标记箭头所指方向为阴极。有的二极管上只有一个色点，有色点的一端为阳极；有的二极管上只有一个色环，有色环的一端为阴极。

表 D-2 半导体器件型号命名法

第一部分		第二部分		第三部分		第四部分	第五部分
用数字表示电极的数目		用字母表示器件的材料和极性		用字母表示器件的类别		用数字表示器件的序号	用字母表示规格号
符号	意义	符号	意义	符号	意义	意义	意义
2	二极管	A	N 型锗材料管	P	普通管	反映了极限参数、直流参数和交流参数的差别	反映了承受反向击穿电压的程度。如规格号为 A, B, C, D …（其中, A 承受的反向击穿电压最低, B 次之）
		B	P 型锗材料管	V	微波管		
		C	N 型硅材料管	W	稳压管		
		D	P 型硅材料管	C	参量管		
				Z	整流管		
3	三极管	A	PNP 型锗材料	L	整流堆		
		B	NPN 型锗材料	S	隧道管		
		C	PNP 型硅材料	N	阻尼管		
		D	NPN 型硅材料	U	光电器件		
		E	化合物材料	K	开关管		
				X	低频小功率管 $(f_a < 3\ \text{MHz}, P < 1\text{W})$		
				G	高频小功率管 $(f_a > 3\ \text{MHz}, P < 1\text{W})$		
				D	低频大功率管 $(f_a < 3\ \text{MHz}, P > 1\text{W})$		
				A	高频大功率管 $(f_a > 3\ \text{MHz}, P > 1\text{W})$		
				T	半导体闸流管		
				Y	体效应管		
				B	雪崩管		
				J	阶跃恢复管		
				CS	场效应管		
				BT	半导体特殊器件		
				FH	复合管		
				PIN	PIN 管		
				JG	激光器件		

　　当遇到型号标记不清时，我们可以借助万用表的欧姆挡作简单判别（见图 D-5）。我们知道，万用表正端（＋）红笔接表内电池的负极，而负端（－）黑笔接表内电池的正极。可根据 PN 结正向导通电阻小，反向截止电阻值大的原理来简单确定二极管的好坏和极性。具体做法是：将万用表的欧姆挡置"R×100"或"R×1k"处，将红、黑表笔接触二极管两端，表头有一指示值；将红、黑表笔调过来再次接触二极管两端，表头又有一指示值。若两次指示值相差很大，则说明该二极管的单向导电性好，并且阻值大（几百千欧以上）的那次红笔所接的为二极管的阳极；若两次指示值相差很小，则说明该二极管已失去单向导电性；若两

次指示值均很大，则说明该二极管已开路。

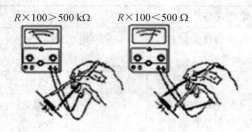

$R \times 100 > 500\ \text{k}\Omega$　　　　$R \times 100 < 500\ \Omega$

图 D-5　二极管的测量

（2）特殊二极管的识别与简单测试。特殊二极管的种类较多，在此我们只介绍几种常用的特殊二极管。

① 发光二极管（LED）。发光二极管通常是用砷化镓、磷化镓等制成的一种新型器件。它具有工作电压低、耗电少、响应速度快、抗冲击、耐振动、性能好以及轻而小的特点，被广泛应用于单个显示电路或制成七段矩阵式显示器，而在数字电路实验中常用作逻辑显示器。发光二极管的电路符号如图 D-6 所示。

阳极　　　　　　　　　　　阴极

图 D-6　发光二极管的符号

发光二极管和普通二极管一样具有单向导电性，正向导通时才能发光。发光二极管的发光颜色有多种，例如红、绿、黄等，形状有圆形和长方形等。发光二极管出厂时，一根引线做得比另一根引线长，通常较长的引线表示阳极（＋），另一根为阴极（－），如图 D-7 所示。若辨别不出引线的长短，则可以用辨别普通二极管管脚的方法来辨别其阳极和阴极。发光二极管正向工作电压一般为 1.5～3 V，允许通过的电流为 2～20 mA，电流的大小决定发光的亮度。电压、电流的大小依器件型号不同而稍有差异。当与 TTL 组件相连接使用时，一般需串接一个 300 Ω 的降压电阻，以防损坏器件。

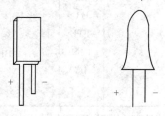

图 D-7　发光二极管的外形

② 稳压管。稳压管有塑料封装和金属封装两种。前者的外形与普通二极管相似，如 2CW7，后者的外形与小功率三极管相似，但内部为双稳压二极管，其本身具有温度补偿作用，如 2CW231，详见图 D-8。

稳压管在电路中是反向连接的，它能使稳压管所接电路两端的电压稳定在一个规定的电压范围内，我们称之为稳压值。确定稳压管稳压值的方法有三种：第一种方法是根据稳压管的型号查阅手册得知；第二种方法是通过在 JT-1 型晶体管测试仪上测其伏安特性曲线而获得；第三种方法是通过一简单的实验电路测得。实验电路如图 D-9 所示。我们改变直流电源电压 U，使之由零开始缓慢增加，同时稳压管两端用直流电压表监测，U 增加到一定值，使稳压管反向击穿，直流电压表指示某一电压值，这时再增加直流电压 U，稳压管两端电压不再变化，则电压表所指示的电压值就是该稳压管的稳压值。

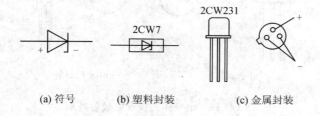

(a) 符号　　　　(b) 塑料封装　　　　(c) 金属封装

图 D-8　稳压二极管

③ 光电二极管。光电二极管是一种将光信号转换成电信号的半导体器件，其符号如图 D-10(a)所示。

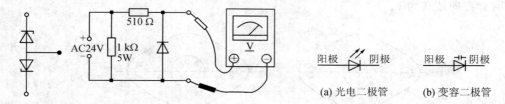

图 D-9　稳压二极管测试电路　　　图 D-10　光电二极管和变容二极管符号

在光电二极管的管壳上备有一个玻璃窗口，以便于接收光照。当有光照时，其反向电流随光照强度的增加成正比上升。光电二极管可用于光的测量。若制成大面积的光电二极管，则可作为一种能源，通常称之为光电池。

④ 变容二极管。变容二极管在电路中能起到可变电容的作用，其结电容随反向电压的增加而减小，变容二极管的符号如图 D-10(b)所示。

变容二极管主要应用于高频技术中，如变容二极管调频电路。

2）三极管的识别与简单测试

三极管主要有 NPN 型和 PNP 型两大类。一般地，我们可以根据命名法从三极管管壳上的符号辨别出它的型号和类型。例如，三极管管壳上印的是 3DG6，表明它是 NPN 型高频小功率硅三极管；若印的是 3AX31，则表明它是 PNP 型低频小功率锗三极管。同时，我们还可以从管壳上色点的颜色来判断出管子的电流放大系数 β 值的大致范围。以 3DG6 为例，色点为黄色，表示 β 值在 30~60 之间；色点为绿色表示 β 值在 50~110 之间；色点为蓝色表示 β 值在 90~150 之间；色点为白色表示 β 值在 140~200 之间。但是也有的厂家并非按此规定，使用时要注意。

当我们从管壳上知道三极管的类型和型号以及 β 值后，还应进一步辨别它的三个电极。

对于小功率三极管来说，有金属封装和塑料封装两种。

对于金属封装的三极管，如果管壳上带有定位销，那么将管底朝上，从定位销起按顺时针方向，三根电极依次为 e、b、c；如果管壳上无定位销，且三根电极在半圆内，那么我们将有三根电极的半圆置于上方，按顺时针方向，三根电极依次为 e、b、c，如图 D-11(a)所示。

对于塑料封装的三极管，我们面对平面，将三根电极置于下方，从左到右，三根电极依次为 e、b、c，如图 D-11(b)所示。

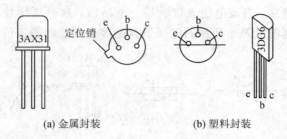

(a) 金属封装　　　　　　　　(b) 塑料封装

图 D-11　半导体三极管电极的判别

对于大功率三极管，外形一般分为 F 型和 G 型两种，如图 D-12 所示。对于 F 型管，从外形只能看到两根电极，我们将管底朝上，两根电极置于左侧，则上为 e，下为 b。G 型管的三根电极一般在管壳的顶部，我们将管底朝下，三根电极置于左方，从最下方的电极起，顺时针方向依次为 e、b、c。

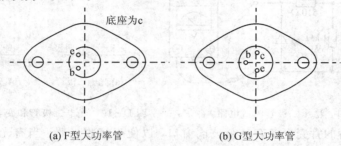

(a) F型大功率管　　　　　　　(b) G型大功率管

图 D-12　F 型和 G 型管管脚的判别

三极管的管脚必须正确确认，否则，接入电路后不但不能正常工作，还可能烧坏管子。

当一个三极管没有任何标记时，我们可以用万用表来初步确定该三极管的好坏以及是 NPN 型还是 PNP 型，并辨别出 e、b、c 三根电极。

先判断基极 b 和三极管的类型，步骤如下：

将万用表欧姆挡置于"$R\times100$"或"$R\times1k$"处，先假设三极管的某极为"基极"，并将黑表笔接在假设的基极上，再将红表笔先后接到其余两个电极上，如果两次测得的电阻值都很大(或都很小)，而对换表笔后测得的两个电阻值都很小(或很大)，则可确定假设的基极是正确的。如果两次测得的电阻值是一大一小，则可肯定原假设的基极是错误的，这时就必须重新假设另一电极为"基极"，再重复上述的测试。最多重复两次就可找出真正的基极。

当基极确定以后，将黑表笔接基极，红表笔分别接其他两极。此时若测得的电阻值都很小，则该三极管为 NPN 型；反之，则为 PNP 型。

再判断集电极 c 和发射极 e，步骤如下：

以 NPN 型管为例，把黑表笔接到假设的集电极 c 上，红表笔接到假设的发射极 e 上，并且用手捏住 b 和 c 极(不能使 b、c 直接接触)，通过人体，相当于在 b、c 之间接入偏置电阻。读出表头所示 c、e 间的电阻值，然后将红、黑两表笔反接重测。若第一次电阻值比第二次小，则说明原假设成立，黑表笔所接为三极管集电极 c，红表笔所接为三极管发射极 e。因为 c、e 间电阻值小说明通过万用表的电流大，偏置正常，如图 D-13 所示。

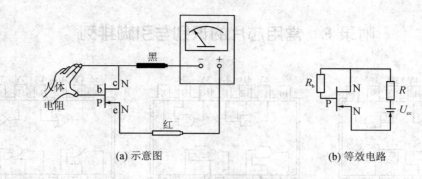

(a) 示意图　　　　　(b) 等效电路

图 D-13　判别三极管 c、e 电极的原理图

　　以上介绍的是比较简单的测试方法，要想进一步精确测试，可以借助于 JT-1 型晶体管图示仪，它能十分清晰地显示出三极管的输入特性和输出特性曲线以及电流放大系数 β 等。

附录 E　常用芯片的识别与引脚排列

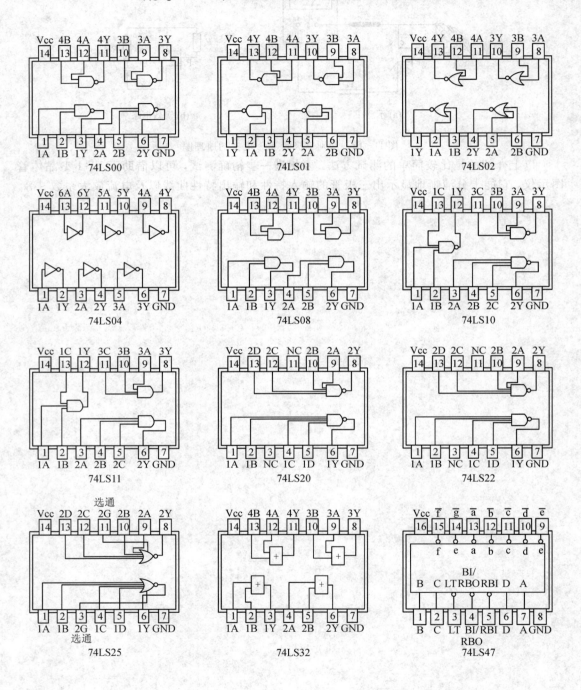

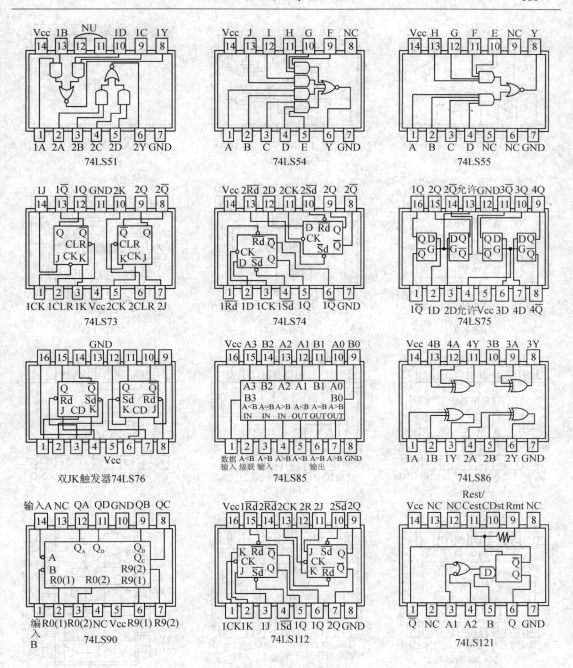

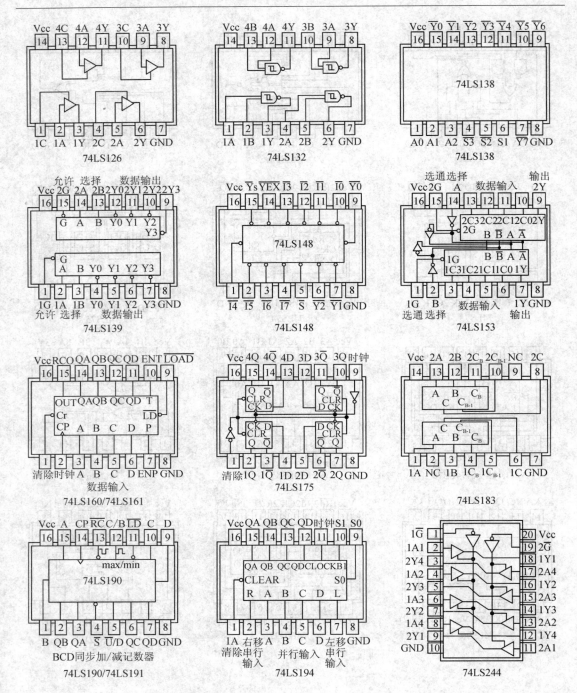

Vcc 4C 4A 4Y 3C 3A 3Y

14 13 12 11 10 9 8

1 2 3 4 5 6 7

1C 1A 1Y 2C 2A 2Y GND

74LS126

Vcc 4B 4A 4Y 3B 3A 3Y

14 13 12 11 10 9 8

1 2 3 4 5 6 7

1A 1B 1Y 2A 2B 2Y GND

74LS132

Vcc $\overline{Y0}$ $\overline{Y1}$ $\overline{Y2}$ $\overline{Y3}$ $\overline{Y4}$ $\overline{Y5}$ $\overline{Y6}$

16 15 14 13 12 11 10 9

74LS138

1 2 3 4 5 6 7 8

A0 A1 A2 $\overline{S3}$ $\overline{S2}$ S1 $\overline{Y7}$ GND

74LS138

允许 选择　数据输出

Vcc 2G 2A 2B2Y02Y12Y22Y3

16 15 14 13 12 11 10 9

Y3

1 2 3 4 5 6 7 8

Y0 Y1 Y2 Y3 GND

允许 选择　数据输出

74LS139

Vcc $\overline{Y_S}$ $\overline{YEX}$ $\overline{I3}$ $\overline{I2}$ $\overline{I1}$ $\overline{I0}$ $\overline{Y0}$

16 15 14 13 12 11 10 9

74LS148

1 2 3 4 5 6 7 8

$\overline{I4}$ $\overline{I5}$ $\overline{I6}$ $\overline{I7}$ $\overline{S}$ $\overline{Y2}$ $\overline{Y1}$ GND

74LS148

选通选择　数据输入　　　输出

Vcc 2G A 数据输入 2Y

16 15 14 13 12 11 10 9

2C3 2C2 2C1 2C0 2Y

2G　　B $\overline{B}$ A $\overline{A}$

1G

1C3 1C2 1C1 1C0 1Y

$\overline{B}$ B A $\overline{A}$

1 2 3 4 5 6 7 8

1G B 数据输入 1Y GND

选通选择　数据输入　　输出

74LS153

Vcc RCO QA QB QC QD ENT $\overline{LOAD}$

16 15 14 13 12 11 10 9

OUT QA QB QC QD T

Cr　　　　　 $\overline{LD}$

CP A B C D P

1 2 3 4 5 6 7 8

清除时钟 A B C D ENP GND

数据输入

74LS160/74LS161

Vcc 4Q $\overline{4Q}$ 4D 3D $\overline{3Q}$ 3Q 时钟

16 15 14 13 12 11 10 9

Q $\overline{Q}$

CLR

CK D

CK D

CLR

Q $\overline{Q}$

Q $\overline{Q}$

CLR

D CK

D CK

CLR

Q $\overline{Q}$

1 2 3 4 5 6 7 8

清除 1Q $\overline{1Q}$ 1D 2D $\overline{2Q}$ 2Q GND

74LS175

Vcc 2A 2B 2C$_B$ 2C$_{B-1}$ NC 2C

14 13 12 11 10 9 8

A B C$_B$

C C$_{B-1}$

C C$_{B-1}$

A B C$_B$

1 2 3 4 5 6 7

1A NC 1B 1C$_B$ 1C$_{B-1}$ 1C GND

74LS183

Vcc A CP $\overline{RC}$ C/$\overline{B}$ $\overline{LD}$ C D

16 15 14 13 12 11 10 9

max/min

74LS190

1 2 3 4 5 6 7 8

B QB QA $\overline{S}$ $\overline{U}$/D QC QD GND

BCD同步加/减记数器

74LS190/74LS191

Vcc QA QB QC QD 时钟 S1 S0

16 15 14 13 12 11 10 9

QA QB QC QD CLOCK B1

CLEAR　　　　　　S0

R A B C D L

1 2 3 4 5 6 7 8

1A 右移 A B C D 左移 GND

清除 串行　并行输入　串行

　　　输入　　　　　 输入

74LS194

1$\overline{G}$ 1 ▢ 20 Vcc

1A1 2 ▢ 19 2$\overline{G}$

2Y4 3 ▢ 18 1Y1

1A2 4 ▢ 17 2A4

2Y3 5 ▢ 16 1Y2

1A3 6 ▢ 15 2A3

2Y2 7 ▢ 14 1Y3

1A4 8 ▢ 13 2A2

2Y1 9 ▢ 12 1Y4

GND 10 ▢ 11 2A1

74LS244

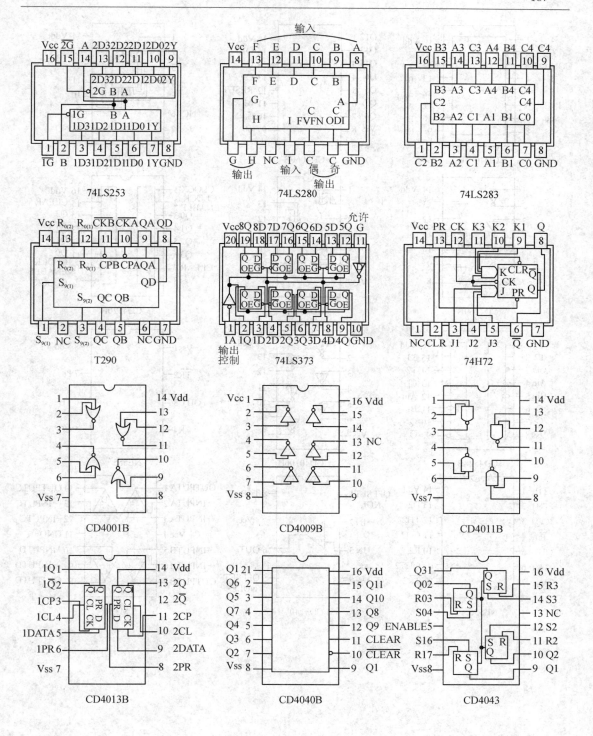

74LS253

74LS280

74LS283

T290

74LS373

74H72

CD4001B

CD4009B

CD4011B

CD4013B

CD4040B

CD4043

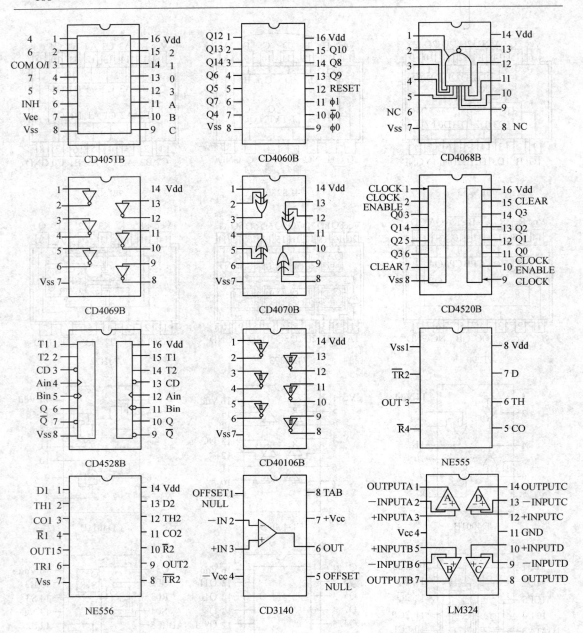

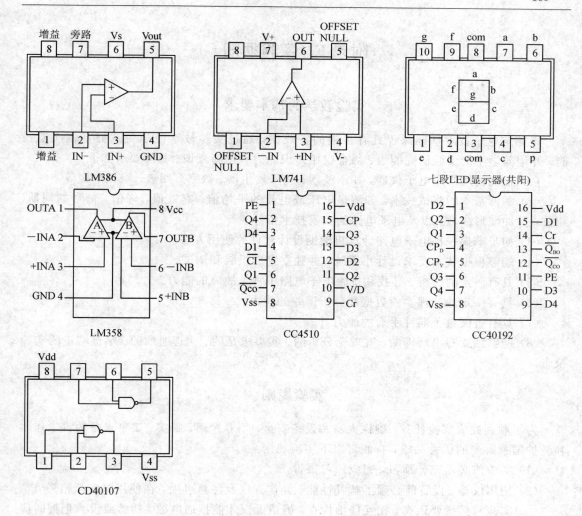

| 增益 | 旁路 | Vs | Vout |
| 8 | 7 | 6 | 5 |

| 1 | 2 | 3 | 4 |
| 增益 | IN- | IN+ | GND |

LM386

| | V+ | OUT | OFFSET NULL |
| 8 | 7 | 6 | 5 |

| 1 | 2 | 3 | 4 |
| OFFSET NULL | -IN | +IN | V- |

LM741

| g | f | com | a | b |
| 10 | 9 | 8 | 7 | 6 |

| 1 | 2 | 3 | 4 | 5 |
| e | d | com | c | p |

七段LED显示器(共阳)

OUTA 1 ——— 8 Vcc
-INA 2 ——— 7 OUTB
+INA 3 ——— 6 -INB
GND 4 ——— 5 +INB

LM358

PE	1		16	Vdd
Q4	2		15	CP
D4	3		14	Q3
D1	4		13	D3
$\overline{CI}$	5		12	D2
Q1	6		11	Q2
$\overline{Qco}$	7		10	V/D
Vss	8		9	Cr

CC4510

D2	1		16	Vdd
Q2	2		15	D1
Q1	3		14	Cr
CP_D	4		13	$\overline{Q_{BO}}$
CP_V	5		12	$\overline{Q_{co}}$
Q3	6		11	PE
Q4	7		10	D3
Vss	8		9	D4

CC40192

| Vdd | | | |
| 8 | 7 | 6 | 5 |

| 1 | 2 | 3 | 4 |
| | | | Vss |

CD40107

附录 F　实验须知

实验教学的基本要求

电路与电子技术基础课程具有很强的实践性，通过实验教学使学生掌握基本实验技能，并培养学生的实验研究能力、综合应用知识能力和创新意识。具体要求如下：

（1）正确使用常用电子仪器，如示波器、信号发生器、数字万用表、稳压电源等。

（2）掌握基本的测试技术，如测量电压或电流的平均值、有效值、峰值，信号的周期、相位，脉冲波形参数，以及电子电路的主要技术指标。

（3）初步掌握一种电子电路计算机辅助设计软件的使用方法。

（4）能够根据技术要求设计小系统，并独立完成组装和调试。

（5）具有一定的分析、寻找和排除电子电路中常见故障的能力。

（6）具有一定的处理实验数据和分析误差的能力。

（7）具有查阅电子器件手册的能力。

（8）能够独立写出严谨的、有理论分析的、实事求是的、文理通顺的、字迹端正的实验报告。

实验规则

为了顺利完成实验任务，确保人身和设备安全，培养严谨、踏实、实事求是的科学作风和爱护国家财产的优秀品质，特制订以下实验规则：

（1）实验前必须充分预习，完成预习报告。

（2）使用仪器、设备前必须了解其性能、操作方法及注意事项，在使用时应严格遵守。

（3）实验时接线要认真，相互仔细检查，确信无误才能接通电源。初学或没有把握时应经指导老师审查同意后才能接通电源。

（4）实验时应注意观察，若发现有破坏性异常现象（例如元件冒烟、发烫或有异味），应立即关断电源，保持现场，报告指导老师，找出原因、排除故障并经指导老师同意才能再继续实验。如果发生事故（例如元件或设备损坏），应主动填写实验事故报告单，服从实验室和指导老师对事故的处理决定（包括经济赔偿），并自觉总结经验，吸取教训。

（5）实验过程中需要改接线时，应关断电源后才能拆、接线。

（6）实验过程中应仔细观察实验现象，认真记录实验结果（数据、波形及其现象）。所记录的实验结果必须经指导老师审阅签字后才能拆除实验线路。

（7）实验结束后，必须拉闸，并将仪器、设备、工具、导线等按规定整理好，才能离开实验室。

（8）在实验室不得做与实验无关的事。进行实验课以外的实验，必须经指导老师同意。

（9）遵守课堂纪律，不乱拿其他组的仪器、设备、工具、导线等，不在仪器设备或桌子上乱写乱画。保持实验室内安静、整洁，爱护一切公物。

（10）实验后每个同学都必须按要求完成一份实验报告。

附录 G　实验报告要求

实验预习要求

实验前应阅读实验指导书中的有关内容并做好预习报告，上实验课时应携带预习报告。预习报告包括如下内容：

（1）实验电路及其有关参数。

（2）与实验内容有关的分析和计算。

（3）实验电路的测试方法以及本次实验所用仪器的使用方法和注意事项。

（4）实验中所要填写的表格。

（5）回答老师指定的预习思考题。

实验报告处理要求

实验报告应简单明了，并包括如下内容：

（1）实验原始记录：包括实验电路、实验数据、波形、故障及其解决方法。原始记录必须有指导老师的签字，否则无效。

（2）实验结果分析：对原始记录进行必要的分析、整理，包括与估算结果的比较，误差原因和对实验故障原因的分析等。

（3）总结本次实验中的一两点体会和收获，如实验中对所设计电路进行修改的原因分析、测试技巧或故障排除的方法总结、实验中所获得的经验或可引以为戒的教训等。

实验课后及时写出实验报告并交予指导老师批阅。